為什麼工作總是做不完？

圖解高效工作、筆記管理術

なぜか仕事が早く終わらない人のための
図解 超タスク管理術

佐佐木正悟 著
楊鈺儀 譯

前言　工作管理有用嗎？

拿起本書的各位，是否期待能改善工作管理呢？
例如希望能減少加班、工作不再出錯、拿出更多成果等。
若實際進行了工作管理，是否就能實現這些期望呢？

如果你能完全掌握自己的工作狀況、沒有延後交期、經常能放鬆並專注在工作上，那麼工作管理就沒什麼用。

反過來說，因為不知道自己進行的企劃後續發展如何而不安，擔心期限問題充滿壓力，那就大有幫助。

工作管理很像金錢管理。
如果有豐厚的資產、收支狀況是完美的黑字，而且可以放心購買任何東西，還很節省，那就算不記帳也不會有什麼問題。
若是每月赤字還怎樣都不節省，無法好好正視信用卡明細，就應該要好好記帳並檢討一番。
或許有人會說：「就算計帳，錢也不會增加啊」「就算計帳，也沒那麼簡單就做到節省」。

話雖如此，但記帳、檢查信用卡明細是有助節省的。
我們可以從收支紀錄獲得使用金錢的必要性判斷標準。

總之，工作也是一樣的。

進行中的企劃、該做到的約定、必須要做的事、應該事先做好的準備等，若能在腦中整理好一切，隨時做出恰當的行動，就不需要工作管理。可是一般人很難做到這點。

正因為做不到，才會發明出日曆與 ToDo 列表。

而且工作管理中還有額外的項目。

這不只是單純地寫滿了許多無法處理的資訊，結合數位日曆與網路服務成為一套系統來活用，就會知道「現在要立刻做什麼才最恰當？」

說起來就像是雇用了一個支援個人工作的秘書。

也就是說，對需要的人來說，秘書是有助於工作管理。

視不同狀況，工作管理也會做超過一位秘書的工作量。

佐佐木　正悟

目次

前言 ……………………………………………………2

CHAPTER **1**
為什麼需要工作管理？

1-1 解開對工作管理的誤解 …………………… 16

1-2 誤解①
只要寫出工作內容就會順利進行 …………… 18

1-3 誤解②
工作管理就是調度安排 …………………… 20

Contents

1-4	誤解③ 用多工處理的方式來完成工作	22
1-5	誤解④ 長期計畫要從終點開始倒推	25
1-6	所謂的工作管理是什麼？	29
1-7	先來製作「今日清單」吧	32

CHAPTER 2
工作管理的基本步驟

2-1 整理基本的工作管理用語 ……… 38

2-2 了解關於工作管理的
8 個基本步驟 ……… 47

2-3 基本步驟 1
專注在「現在」「這裡」……… 48

2-4 基本步驟 2
列出約定清單 ……… 50

2-5 基本步驟 3
分類列出的約定清單 ……… 55

Contents

2-6 基本步驟 4
　　　對企劃專案進行次級任務管理 ………………… 64

2-7 基本步驟 5
　　　將約定可視化 …………………………………… 68

2-8 基本步驟 6
　　　不要放著約定不管 ……………………………… 72

2-9 基本步驟 7
　　　寫工作紀錄 ……………………………………… 74

2-10 基本步驟 8
　　　留意 1st 階段與 2nd 階段 …………………… 76

CHAPTER **3**

工作管理術 1
～ Getting Thingss Done（GTD®）～

3-1 說到工作管理術就一定要提 GTD ……… 80

3-2 GTD 的 1st 階段與 2nd 階段 ……… 82

3-3 管理所有工作 ……… 90

3-4 今天做的事就是下一個行動 ……… 98

3-5 確認收集箱「歸零」……… 101

3-6 GTD 的目標不是清空 ToDo 清單 ……… 105

3-7 GTD 最後的堡壘 ……… 109

CHAPTER 4

工作管理術 2
～ TaskChtue ～

4-1 TaskChtue 的全貌 …………………………… 114

4-2 TaskChtue 的 1st 階段 ………………………… 116

4-3 TaskChtue 的 2nd 階段 ……………………… 123

4-4 製作「今日的任務清單」吧 ………………… 132

4-5 關於「中途插進來」的委託 ………………… 140

4-6 重讀一天的日誌吧 …………………………… 142

CHAPTER **5**

工作管理術 3
～明日法則～

5-1 明天能做的事今天就不做 ……………… 148

5-2 限定今天要做的事 ……………………… 152

5-3 利用兩個 ToDo 清單來弄清楚
好一天的約定 …………………………… 156

5-4 使用封閉式清單 ………………………… 159

CHAPTER 6

工作管理術　實踐篇
～你是哪種類型的？～

- **6-1**　來活用工作管理術吧⋯⋯⋯⋯⋯⋯⋯⋯⋯⋯⋯⋯164
- **6-2**　實踐範例①
上班族 K 先生 30 多歲
GTD⋯⋯⋯⋯⋯⋯⋯⋯⋯⋯⋯⋯⋯⋯⋯⋯⋯⋯⋯⋯165
- **6-3**　實踐範例②
教師 D 先生 50 多歲
TaskChute⋯⋯⋯⋯⋯⋯⋯⋯⋯⋯⋯⋯⋯⋯⋯⋯⋯⋯169
- **6-4**　實踐範例③
系統工程師 Y 先生 40 多歲
明日法則⋯⋯⋯⋯⋯⋯⋯⋯⋯⋯⋯⋯⋯⋯⋯⋯⋯⋯174

附錄

用於工作管理的小技巧集

工作管理發揮功用時…………………………………182
小技巧 1. 整理提醒通知………………………………186
小技巧 2. Board View（看板檢視）…………………189
小技巧 3. Board 列表形式與看板形式…………………191
小技巧 4. 活用執行完成的任務（ToDo 清單）…194

Contents

小技巧 5. Outliner ……………………………… 197
小技巧 6. 二分法 ……………………………… 202
小技巧 7. 番茄工作法 ………………………… 204
小技巧 8. 365 式整理術 ……………………… 208
小技巧 9. 43 文件夾 …………………………… 212

CHAPTER **1**

為什麼需要
工作管理？

1-1　解開對工作管理的誤解

拿起本書的你，應該正想著「工作要有效率，就需要**工作管理**」吧。

說不定有些人已經嘗試過好幾次工作管理卻「沒獲得什麼效果」。

雖是老生常談，但這些人不少，所以請放心。

工作管理中有許多被人誤解之處。這既不是學校會教的技巧，也不是受到公罪認可的正式方法論。

開始試試看後，莫名地就有一堆不順利之處。

工作管理並不會一切順利

為了這些人，在第 1 章中首先要從解開人們對工作管理的各種誤解開始。

理所當然地，因為不是公眾認可的正式方法論，所以會有誤解。

可是，工作管理不順利的原因，往往就在於對工作管理多有誤解，所以若能弄清楚原因，自然能找出應對法。

我已經出版過好幾本有關工作管理的書。

此外，每個月也都會舉辦工作管理以及工作術的講座。

我發現其中有很多人都對工作管理有誤解，並且想要知道、理解為什麼會有誤解，以及有怎樣的誤解。

對於工作管理的誤解很偏頗，尤其最多的是以下 4 種：

【關於工作管理的 4 大誤解】

誤解① 　只要寫出工作內容就會順利進行

誤解② 　工作管理就是調度安排

誤解③ 　用多工處理的方式來完成工作

誤解④ 　長期計畫要從終點開始倒推

從下一頁起，我將一一解說這 4 大誤解。首先希望大家能放輕鬆地來閱讀。

1-2 誤解① 只要寫出工作內容就會順利進行

許多人進行的工作管理的第一步就是**寫出工作內容**。

這應該是因為大家都對把工作寫出來有一個印象是：「將自己手上的工作全都寫出來，然後立刻著手、大致完成！」

的確，若是把工作寫出來，能一一找出腦中的工作，所以這是個有效的工作管理法。

可是，雖說是把工作寫出來，但各位是否有恰當地寫出了所有工作呢？

掌握大腦的特性

人類的大腦有個特性是**擅長聯想**。

例如以下 3 個詞彙會讓你聯想到什麼？

　　食譜　健康　綠色

接下來，從以下的 3 個詞彙中你聯想到了什麼？

　　新幹線　舒適　綠色

你對上述兩組詞彙做出了什麼樣的聯想呢？

許多人從第一組詞彙的「食譜、健康、綠色」聯想到了「沙拉」或「青汁」。

很多人則是從第二組詞彙的「新幹線、舒適、綠色」聯想到了「綠色車廂[*1]」或「隼[*2]」，雖然兩組詞彙中都有「綠色」一詞，卻因其他兩個詞語而有不同的聯想。

大腦就像這樣很擅長聯想，所以即便把腦中在意的事寫出來，因為有這個聯想的特性，就會把多餘的工作也寫出來。

總之，不管把想到的工作寫了多少出來，卻不一定會出現必要的工作。

例如，雖然是針對工作之一的企劃 A 寫出了工作內容，卻會從某個關鍵字延伸寫出與企劃 A 沒有直接關係的工作內容，像是「要去美容院」「製作企劃 D 的企劃書」「想一下今天的晚餐要吃什麼」等。

與像是「將自己手上的工作全都寫出來，然後立刻著手、大致完成！」這樣簡單的想像完全相反，工作管理必須要好好靜下心來寫出恰當的工作內容、仔細整理必要的工作、確實做完工作。

若只有寫出在意的事，工作管理是不可能順利進行的。

---

*1 註：綠色車廂，日本國鐵以及 JR 所設置比普通車廂更舒適、設備豪華的一等車廂。
*2 註：隼，隼號列車，是在 JR 東日本東北新幹線運行的特急列車、JR 北海道、北海道新幹線班次的名稱。

1-3 誤解② 工作管理就是調度安排

有很多人都是只用日曆來進行工作管理。

只用日曆來進行工作管理的方法如下：

【常見的使用日曆進行工作管理範例】

07：00　到公司←預定
07：10　檢查郵件←工作
07：50　製作公司內部會議資料←工作
～省略～
10：00　開會（與◆◆公司）←預定
11：00　製作會議紀錄（與◆◆公司）←工作
12：00　吃中餐←預定
13：00　公司內部開會←預定
～省略～
19：00　下班←預定

可是，【常見的使用日曆進行工作管理範例】不過是一種調度安排，不是工作管理。

在工作管理中要區分預定事項與工作

工作管理本就一定要區分出決定好開始時刻的會議等**預定事項**，以及檢查郵件等沒有固定開始時間的**工作**。

明確區分出預定事項與工作是工作管理的基本。

也就是說，進行工作管理並不等同於調度安排。

寫出腦中在意事項時，即便只是按優先順序排列多件在意事項，也是需要判斷力的。

直到 13 點公司內部的會議開始前，必須準備好必要的資料或收集好必要的資訊。

現實是，我們無法自動設定好如何將預定事項與工作做搭配。

若要將工作一元化，就會把所有事項都寫進筆記本裡，或是全集中寫在日曆上，而那將會變得讓人非常難以理解，別說要進行工作管理了，就連要看筆記本都會感到厭煩。

誤解③
用多工處理的方式來完成工作

冒昧問一個問題，各位對**多工處理**有何印象？

- 一邊講電話一邊整理文件
- 一邊想企劃一邊回信
- 同時進行多個企劃

　　　　　　　　　等等

或許各位會有上述的印象吧。

就像這樣，人們會使用各種意義來解釋**多工處理**，在不知不覺中陷入**多工處理的陷阱**中。

多工處理的陷阱就是，不論我們人類有多聰明、多優秀、多天才，**一次都只能做一件事**。

但實際上，我們會一次被分配到兩項工作，或是必須要同時進行兩個以上的企劃……。

也就是說，在不知不覺間變成非得要多工處理的狀況。

你能進行多工處理嗎？

許多人在面對兩個以上的工作時，會混亂於不知道該從哪件工作開始著手，在做一件工作的同時在意其他工作。

若想要靠多工處理來完成工作，就要同時進行兩樣工作，但因為一次只能進行一件事，結果就是所有工作都幾乎沒有進展，只是在浪費時間。

之前也說過了：「人一次只能做一件事」。

或許你的週遭中有人「很能幹」，可以一次做兩件、三件事，看起來就像是在進行多工處理般。

但他們絕非擁有不同於常人的大腦，可以進行多工處理。

他們只是一次都只專注處理一件工作，踏實地在推進工作。也就是說，他們**只是專注在進行單一工作而已**。

工作管理中常見的一句話是：「專注在現今處理的工作（單一工作）上。製作在這期間忘掉其他工作的計畫。」

能幹的人幾乎都會**記錄下應該記住的企劃或工作，並且用專用工具來管理**。

工作一繁多起來，大腦內就須要記憶許多事。但大腦容量有限，必須記住許多事情時，就會變得一個頭兩個大。

結果，不僅無法單純地記住工作，還會注意力渙散，連單一工作都無法專注精神。

或許大家會覺得「專注在單一工作上」這件事聽起來很理所當然。

可其實有很多因素會擾亂對工作的專注，例如睡眠不足無法集中注意力、和同事聊天而分散注意力、掛念著家庭中的糾紛等。

因此，不少人都無法順利做到「專注在單一工作上」這件理所當然的事。

1-5 誤解④ 長期計畫要從終點開始倒推

有人在進行長期計畫時會先決定好終點，再針對終點來詳細設定預定事項與工作。

的確，像長期計畫這樣終點較遠時，一般都認為從終點開始倒推來設定預定事項與工作是上策。

可是實際上，我們很難做到從終點開始倒推。

未來的事誰也不知道

冒昧問一個問題，一年後你在做什麼呢？

會同樣在今天這間公司上班嗎？

會成為自由工作者嗎？

我們無法預知未來，這是很理所當然的。

儘管如此，面對長期計畫時卻仍想從終點開始倒推來管理工作。

我們不可能在事前預測每天的變化並編排工作管理。

也就是說，我們幾乎不可能在面對 3 個月或 1 年等長期計畫時先設定好終點，然後從終點倒推每天應該要做的事。

工作管理能發揮效果的案例是，確實控制好 1 天或 2 天分的工作。

　　工作管理中應該要做的是在能預料的範圍內確認現今該做的事，並盡全力完成。

　　亦即，工作管理與長期計畫本就是不太速配的。

在意未來時

　　有個方法可以推薦給「不訂立長期計畫就會感到不安」的人。

　　那就是試著去做**簡表，也就是畫出長期計畫的計畫表，做出從現狀到終點的預測**。

　　此時可以使用任何工具（圖 1），像是甘特圖、年曆、心智圖®等。

　　透過將長期計畫的預想可視化，就能獲得**安心感**。

　　希望大家注意，簡表頂多就是製作那天的印象而已。

　　每天的狀況都會變化，長期計畫絕不會像簡表那樣進行。

　　可是就算沒有照著簡表那樣進行也沒關係。

　　簡表的本來目的是透過預測長期計畫就能感到安心。

圖1　甘特圖與年曆表

[甘特圖]

工作名	工數	開始日	結束日	6/7五	8六	9日	10一	11二	12三	13四	14五	15六	16日	17一	18二	19三	20四	21五	22六	23日	24一	25二	26三	27四	28五	29六	30日	7/1一	2二	3三	4四
企劃名	20日	6/7	7/4																												
主題A	10日	6/7	6/20																												
任務A	2日	6/7	6/10																												
任務B	4日	6/11	6/16																												
任務C	4日	6/17	6/20																												
主題A	10日	6/21	7/4																												
任務D	4日	6/21	6/26																												
任務E	8日	6/24	7/3																												
任務F	6日	6/27	7/4																												

[年曆]

20XX ～ 20YY

	4月	5月	6月	7月	8月	9月	10月	11月	12月	1月	2月	3月
1												
2												
3												
4												
5												
6												
7												
8												
9												
10												
11												
12												
13												
14												
15												
16												
17												
18												
19												
20												
21												
22												
23												
24												
25												
26												
27												
28												
29												
30												
31												

CHAPTER 1

☑ 為什麼需要工作管理？

因此，簡表上要填入製作日的**日期**，像是「**20XX-11-02（五）13：02 的期望**」。

這表示「是在 **20XX-11-02（五）13：02** 這個時間點的願望」。

因為若想要訂定未來的計畫，**就會陷入無法專注在現今該做工作上的心理狀態中**。

若因為無法預測未來的不安而疏忽了工作，透過預測來獲得安心應該就能去做現今該做的工作了。

而且只要在 3 個月後左右修正製作的簡表就會發現，當時本以為是製作得很嚴密的計畫，其實是滿目瘡痍。

如此一來，就會改變對長期計畫的想法，轉著重在現今該做的工作上了。

1-6 所謂的工作管理是什麼？

到目前為止，我介紹了4種在工作管理上被許多人誤解的部分。

在這4大誤解中，或許也有你至今仍在進行的工作管理。

或許也有人會想：「雖然知道對至今所想像的工作管理有誤解，但說到底，工作管理到底是什麼呢？」

所以在此要來談一下什麼是工作管理。

本書內容是將工作管理定義為是**可視化、能提高他人對自己信任度的方法**。

因為工作管理有如下的幾個優點。

【工作管理的優點】
- 做下約定後就會自動整理資訊
- 提高他人對自己的信任度

以下將具體說明這兩個優點。

做下約定後就會自動整理資訊

在商業書或提升工作技巧的世界中，經常是以筆記術或如何整理數位備忘錄等資訊整理術為主題，而在工作管理中，資訊整理則是附加的。

因此讓我們將資訊與工作管理連結起來吧。

例如，本書的原稿對我來說就是應該要整理的資訊。

原稿是 Word 檔，「Word 檔原稿」的這個資訊就與「寫作本書原稿」這個約定有關。

其他像是開會地方的資訊以及在會議中記錄下的會議紀錄等資訊也都各自與約定有關。

在只有紙張或筆記本的時代，我們只能分別管理約定與資訊。

可是只要使用數位工具，情況就不一樣了。

連結約定資訊後該怎麼做，將取決於以下兩者。

・接下來要進行的約定
・已經進行過的約定

對工作管理來說的必要資訊是只有在進行約定時會用到的資訊。只要像這樣做出限定，在進行工作時，隨時都可以確實地去參考所有資訊。

只要像這樣事先決定好資訊間的連結,單只是進行工作管理,也能自動處理好資訊整理。

提高人們對自己的信任

為什麼無法結束工作的人會迷惘於不知道該在哪個時間點進行哪項工作,或是會遺忘掉好幾個約定呢?

反過來說,能順利進行工作的人能一一按順序進行所有業務,並逐漸完成工作。

而且,因為有明確掌握好工作量與自己的狀況,也就能應對突如其來的委託。

這麼一來,人們自然就會提高對你的信賴度,像是「那個人很守約定」「那個人是可以信賴的」。

也就是說,只要能做好工作管理,就能遵守約定,所以能提高人們對你的信任。

這樣大家有搞清楚工作管理是什麼,以及進行工作管理的優點了嗎?

在了解了工作管理後,以下要來談談工作管理的核心,告訴大家究竟該怎麼做才能消除對工作管理的誤解並及早完成工作。

1-7 先來製作「今日清單」吧

進行工作管理時最重要的就是**「做」**或**「不做」**。

不論寫出多少工作,若沒有實際去做寫出的工作就不能說是有在進行工作管理。

若工作任務完全沒進展,遑論無法獲得他人的信任,甚至還會丟掉工作。

若是上班族,本來就不會有人一整天都沒工作地就這樣度過吧。

想要進行工作管理的人反而應該是有著推進工作的熱情才是。

儘管如此,只要一碰到要著手進行重要企劃時,很奇怪的是,心情上就會變成是:「現在不想做⋯⋯」

為了避免變成這樣的心情,有一個最容易進行工作管理的技巧。

那就是**製作今日清單**。

「今日清單」能幫助你不去質疑推進工作的意義

在工作管理中，必須要管理的項目有如下三者。關於其各自的詞語定義，我們在第2章的第38頁再來詳細說明吧。

【利用今日清單來管理的項目】
- 預定事項（用日曆來管理）
- 企劃（用日曆與 ToDo 列表來管理）
- 任務（用 ToDo 列表來管理）

看一下【利用今日清單來管理的項目】括弧內就知道，要管理預定事項、企劃、任務三種項目，至少需要日曆與 ToDo 列表兩種工具。

雖說要利用日曆來確認預定事項、要看 ToDo 列表來確認任務，但若總是各別來使用日曆與 ToDo 列表這兩種工具是很不方便的。

因此我們要準備第三種工具。

那就是**今日清單**。

或許有人會想：「分開兩種工具來使用都很不方便了，為什麼還要使用第三種工具？」

可是，今日清單的功用並不同於日曆與 ToDo 列表這兩種工具。

所謂的不同功用，就是將以下兩者融合成單只有一天分來進行管理。

【利用今日清單來管理的項目】
・預定事項（用日曆來管理）
・企劃（用日曆與 ToDo 列表來管理）

　　寫在今日清單上的預定事項與任務全都必須要在**今天以內**完成。
　　一天中一定要更新一次今日清單。不論是當天早上還是前一天晚上都可以。請依方便的時間來更新。

製作「今日清單」的方法

　　今日清單的製作法很簡單。
　　只要從 ToDo 列表中**挑選出今天要做的任務**，然後在工作間加入已記錄在日曆上的**今日預定事項**就好。
　　也就是如圖 2 那樣。

　　若有了今日清單，就能一邊參照每日應該進行的任務並實際去執行，也不會將記錄在日曆上的預定事項棄之不顧了。
　　今日清單的最大重點是，**完全不必去煩惱要「做」還是「不做」**。

圖2　從日曆與ToDo列表來製作「今日清單」

[日曆]

17 星期三
10：00 企劃A開會
12：00 午餐會議
16：00 公司內部會議
19：00 拿送洗的衣物

[ToDo列表]

- ☐ 檢查郵件
- ☐ 寫作書稿
- ☐ 製作幻燈片資料
- ☐ 企劃A
- ☐ 製作會議紀錄
- ☐ 檢查文件
- ☐ 精算交通費

▼　▼　▼

[今日清單]

- ☑ 檢查郵件
- ☑ 寫作書稿
- 10：00 企劃A會議
- ☐ 檢查文件
- 12：00 午餐會議
- ☐ 製作幻燈片資料
- 15：00 公司內部會議
- ☐ 企劃A
- 19：00 拿送洗的衣物

CHAPTER 1　為什麼需要工作管理？

寫在今日清單上的事項,就一定要在今天內去做。

沒有像是把不想做的約定往後放或當看沒看到等「今天不做」的選項。

因此任何事都要在今天去做。

將到目前為止我們所說到的今日清單結構統整後就如下。

【今日清單結構】
1. 列出一定要在今天做的清單
2. 遵守約定時日為最優先事項
3. 以能遵守約定時日的工作優先
4. 分別決定好開始時間的預定事項,以及沒決定好的工作
5. 沒有明天以後再大致應付的約定
6. 沒有不做也不會有人抱怨的約定

只要製作今日清單,將工作可視化後,就能因為進行了工作而提升人們對自己的信任,這兩件事是會自然形成的。

到此,我們已經講解了開始進行工作管理時最好先知道的四大誤解與好處兩個層面。接下來終於要開始正式進入工作管理了。

在第2章中將要來說說關於工作管理的基本步驟。

CHAPTER **2**

工作管理的基本步驟

2-1 整理基本的工作管理用語

在第 1 章中,最後是介紹了製作今日清單來做為工作管理的目標。

在工作管理中,會出現各種用語,像是預定事項、專案企劃、任務、項目等。為了不弄混這些用語,首先來統整本書中關於基本工作管理的定義吧。

基本的工作管理用語

本書中是使用以下這 14 個詞語來當作基本的工作管理用語。

- 約定
- 預定事項
- 任務
- 臨時委託
- 專案企劃
- 重複任務
- 檢核清單
- 下一步行動

- 今日清單／今日工作清單／今日做事清單
- 明天以後的清單／明天以後的工作清單／明天要做事項清單
- 某日清單
- 首要任務
- 評論
- 週評

那麼以下就來簡單說明一下各工作管理的用語。

- 約定

所謂的約定就是進行工作管理的一切總稱。

包含有預定事項、任務、專案企劃、臨時委託等。

- 預定事項

預定事項就是已經**決定好開始時日**的約定。

例如「20XX年1月19日（四）12點開始開會」「20XX年3月8日（二）15點起在澀谷協商」等就是預定事項。

建議使用日曆來當作管理預定事項的工具。

- 任務

在工作管理中的「任務」就是工作或實際業務。

任務中有單次進行,像是「購買滑鼠」等的**單次任務**,也有像是「檢查電子郵件」這類幾乎每天都要重複執行的**重複任務**、推進專案企劃的**企劃任務**等,類型有各種各樣。

而且任務與預定事項不一樣,沒有決定好開始時日。因此若要趕上任務的截止時間,可以隨時開始。

所以對工作管理來說,建議要使用工作管理工具[※],而非期望能決定好開始時日的日曆。

※工作管理工具會在第3章「3-1 說到工作管理術就一定要提GTD」(第80頁)中做介紹。

- **臨時委託**

臨時委託就如字面上所述,雖有著預定事項或進行中的任務,卻**突然掉到頭上的委託**。

也可以說是**插隊的任務**。

面對臨時委託,別想成是「之後再做」「不用現在做也可以吧」,最好**盡可能做出及時的應對**。因為這麼一來會提高別人對自己的信任。

當然,視情況,也是有無法及時應對臨時委託的時候。

可是請放心,這時候可以利用工作管理(詳細會在第56頁與第140頁解說)來做出最佳決策。

要管理臨時委託,就要和任務一樣使用工作管理工具。

此時,若無法將臨時委託立刻登記進工作管理工具中,就會養成習慣不做登記。這麼一來,在工作管理工具中就不會列有應視為緊急的任務,進行工作管理也不會有效果。

因此,能否應對臨時委託,就是區分那是否為好的工作管理工具的標準。

・**專案企劃**

專案企劃就是**截止日在後天之後的任務**。

同時,企劃專案還有兩個要素。

一個是**截止日**,一個是**任務**。

管理企劃專案時,須要分成截止日與任務兩者來管理。

截止日可以用日曆、任務則適用工作管理工具來管理。

在工作管理工具中登記任務時,任務的名稱可以寫成像是「**企劃專案 X by □□商業公司 @ 02-01**」等加上**委託者的名稱與截止日**。

這麼一來,即便只用工作管理工具來管理企劃專案的任務,也能減少忘記委託人或是錯過截止日的可能性。

・**重複任務**

重複任務就是重複進行的任務。

雖一概而論是重複,但重複的時間點也各有不同,例如有「每天」「每週一」「每週三」等。

重複任務中有著企劃專案的任務或檢查電子郵件等。

例如若像是到 2 月 1 日截止日前每天要一點一滴製作○○商業公司委託的企劃書這種情況,就可以登記在如下的工作管理工具中。

☐製作企劃書 A by ○○商業公司@ 02-01（每日重複）

　　基本上，在管理重複任務時會使用到工作管理工具，但若有**截止日**時，就也登記在日曆上吧。

・檢核清單
　　檢核清單是配置在任務中次級任務階層的 ToDo 列表。具體來說會像下方所示。

☐任務
　└☐檢核 1（次級任務）
　└☐檢核 2（次級任務）
　└☐檢核 3（次級任務）
　└☐檢核 4（次級任務）

　　此時，在任務中會配置有專案企劃任務等的重複任務。
　　另一方面，次級任務可以視作單次性任務。
　　例如在「製作企劃書 by ○○商業公司」這個任務中，就能將「收集資料」「概算出費用」等次級任務設定為是檢核清單。

圖3　約定的分類與任務的分類

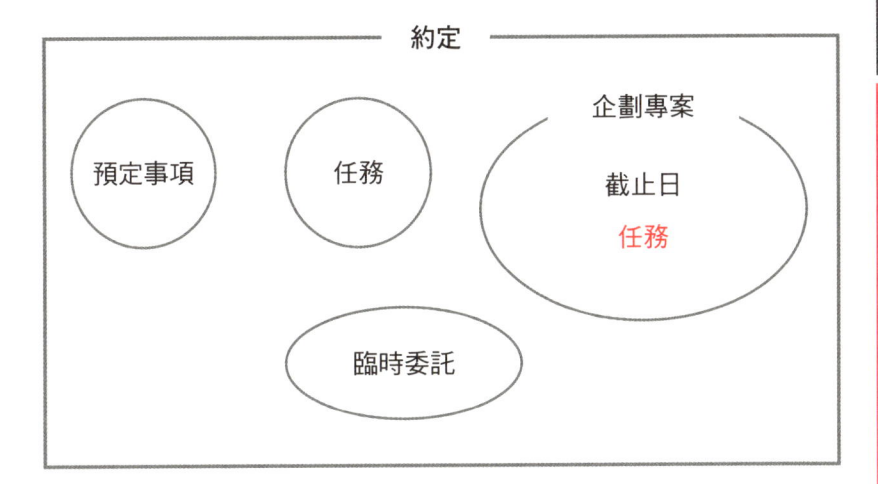

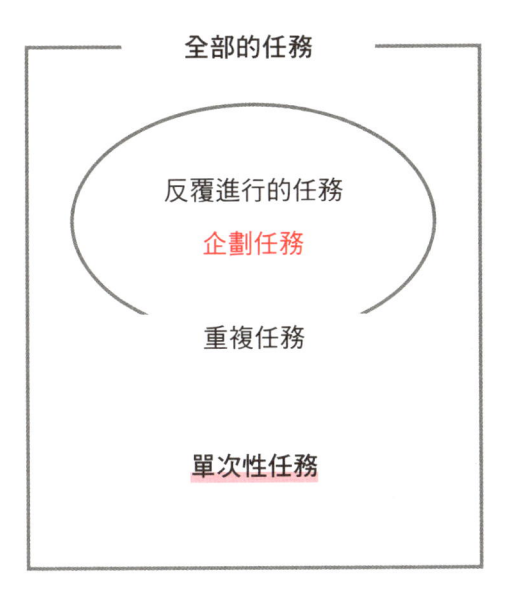

約定
- 預定事項
- 任務
- 臨時委託
- 企劃專案
  - 截止日
  - 任務

全部的任務
- 反覆進行的任務
  - 企劃任務
- 重複任務
- **單次性任務**

☐製作企劃書 by ○○商業公司（任務＝重複任務）
　└☐收集資料（次級任務＝單次性任務）
　└☐概算出費用（次級任務＝單次性任務）
　└☐掌握現狀（次級任務＝單次性任務）
　└☐統整期望（次級任務＝單次性任務）

透過確實執行單次性任務的次級任務，就能一步步朝更上一層的任務邁進。

・下一步行動

下一步行動是在檢核清單上最上面的次級任務。

透過設定下一步行動，就能主動推進任務，而不用多花時間去想「接下來要做什麼呢？」

・今日清單／今日工作清單／今日要做事項清單

今日清單、今日工作清單、今日要做事項清單（以下在第 2 章中寫為今日清單）就是將日曆上有的**今日預定**以及 ToDo 列表中有的**今日任務**統整為一的 ToDo 列表。

寫在今日列表中的約定全都必須在今天以內做完。

因此，考慮到「真的是否能在今天內做到」，就必須一天更新一次，或是在當天早上或前一天的晚上更新都行。

以下將逐一在第 82 頁（GTD）、第 123 頁（TaskChute）、

第 152 頁（明日法則）介紹今日清單的詳細做法。

- **明天以後的清單／明天以後的工作清單／明天要做事項清單**

明天以後的清單、明天以後的工作清單、明天要做事項清單（以下在第 2 章中稱做明天以後的清單）放的全是沒寫在今日清單的任務，是 ToDo 清單。

明天以後的清單中因為滿是任務，本書中會將之與以下要介紹的未來清單做區別。

明天以後的任務管理法會各自在第 90 頁（GTD）、132 頁（TaskChute）、152 頁的（明日法則）進行介紹。

- **未來清單**

這是指寫有之後早晚要做的 ToDo 清單。

是在分配 GTD 的明天以後清單中任務時使用（詳細會在第 90 頁中談到）。

- **首要任務**

ToDo 以外的任務。

首要任務可以想成是在思考「要做・不做」「今天做・明天做」等之前應該著手去做的最優先事項。

因此，即便沒有寫在 ToDo 清單上，也是起床後應該想都不想就去做的任務。

・檢核

　　檢核就是確認約定有無確實記錄在日曆或 ToDo 清單上的行動。

　　工作管理的系統上，會與現實狀態產生落差。檢核就是在修正落差。

・週檢核

　　週檢核是至少在一週內重看一遍約定並修正與現實狀況落差的行動。

　　或許每天進行檢核有困難，但一週僅重新再看一遍約定，也能讓工作管理確實發揮作用。

　　以上 14 個都是在本書中登場的工作管理用語。

　　或許各位會覺得這些都是在某處聽聞過的詞語，但用語會因使用地方不同，定義與意思也都會不同，所以本書會再重新將之當作基本的工作管理用語來介紹。

　　消除對工作管理的誤解、說明了進行工作管理的意義以及基本工作管理用語後，以下我們終於要來正式進入工作管理了。

　　從下一頁開始，將要來談談工作管理的基本步驟。

2-2 了解關於工作管理的 8 個基本步驟

接下來我要來談談該怎麼進行工作管理比較好。具體來說有以下 8 個基本步驟。

【工作管理的基本步驟】
1. 專注在「現今」「這裡」
2. 列出約定清單
3. 分類列出約定清單
4. 對企劃專案進行次級任務管理
5. 將約定可視化
6. 不要放著約定不管
7. 製作任務紀錄
8. 留意 1st 階段與 2nd 階段

那麼以下就來具體說明各基本步驟事項。

基本步驟 1
專注在「現在」「這裡」

要進行工作管理，重要的可以說是**建立起小習慣以透過在「現在」「這裡」展開的行動而獲得立即的報酬**。

佛教，尤其是禪宗經常會使用「現在」「這裡」這些詞，但正念也是以其為核心概念。

有時做工作也能利用「現在」「這裡」來埋頭進行工作。此時不論碰上什麼狀況都可以只專注在眼前的工作上，也就是**專注在單一任務上的狀態**。

反過來說，若將兩件事帶入到「現在」「這裡」，工作就不會有進展。

例如在進行企劃專案 A 的任務時，若想著**「現在似乎應該要來準備發表會，而不是企劃專案 A 吧？」**就會將兩個約定帶入了「現在」「這裡」。

結果，將無法專注心力在任一約定上。

又或者「現在」沒有工作的幹勁，所以就在「這裡」滑 SNS 時，就會將約定與約定外的活動帶入到「現在」「這

裡」之中。視情況，還會專注心力在約定以外的事項上，導致將本來非得進行不可的約定延後。

因為帶入了約定以外的活動而導致約定延後是讓很多人都很煩惱的問題。為了不要像這樣讓內心混亂無法專注心力，或是不要推遲約定，就要經常留心以下事項。

只要將一件約定帶入「現在」「這裡」

請試著去感受透過「現在」「這裡」專注心力在單一任務上而進行本該做的事情時的舒暢心情。

不要在兩個約定間搖擺或是在約定以及約定以外的事項間迷惘不定，若能統一意識在單一任務上，相信就一定能進行必要的行動，在短時間內推進工作、產生出成果。

也就是說能獲得**自我效能感**以及心理上的報酬。

自我效能感是加拿大心理學家阿爾波特・班杜拉（Albert Bandura）所提出的「對於有能力計畫、實行一連串行動以獲得速成的信念」〔《新裝版社会的学習理論の新展開》（暫譯：新裝版社會性學習理論的新展開）金子書房〕。

簡單來說，就是有執行一件事物的自信。

亦即，不論約定是什麼，只要能將一件事物帶入到「現在」「這裡」來進行、執行約定，一定能獲得自我效能感，所以就容易專注在單一任務上。

基本步驟 2
2-4 列出約定清單

到目前為止，我們已經說過了在工作管理中使用「約定」這個詞的情況。

誠如在第 38 頁所定義的，不論是用日記管理的預定事項，還是用 ToDo 清單管理的任務，就廣義來說都可以被歸類為**約定**。

約定可以大致分為兩種。

- 與自己的約定
- 與他人的約定

與自己的約定的典型例子有像是早上的肌力訓練或學習英文等，從非常粗略的事物具體到在多益拿 900 分都有。

與他人的約定則是從看牙醫、上醫院、上健身房等為了自己身體或自己健康好的約定，到開會、提交文件的截止日、進行企劃專案等具體事項都包含在內。

順帶一提，若是指定了預約時間，像是上美容院或美甲等，也包含在與他人的約定中。

與他人的約定應該要使用工作管理工具來確實做好管理，但與自己的約定也必須用工作管理的工具來管理。

　　如果你有時間，不論是要做肌力訓練、學習英文，還是去某地遊玩，要做什麼都無所謂。

　　重要的是，要確實執行與他人間的約定，因為那結果會提高他人對你的信任。

　　若是將與自己的約定寫在管理與他人間約定用的日曆或Todo清單上，一眼看過去時就難以判斷必須要確實執行哪個約定。

嚴守與他人的約定

　　要嚴守與他人的約定，就必須仔細查出與誰做了什麼樣的約定。

　　此時建議可以**寫出所有約定事項**。在第 1 章的「1-2 誤解① 只要寫出工作就會順利進行」中，介紹到了關於工作管理其中一項誤解，但只要善加利用，寫出所有約定就會是非常有效果的。

　　寫出所有在意的事是做為在第 3 章中所介紹到的 GTD 最初步驟來進行（詳細內容會在第 82 頁談到）。

　　本來是須要花上 2 小時來進行這步驟，這次做為簡略版，就試著採行如下的練習吧。

【將在意的事全部找出來（簡略版）】

　　請試著花 10 分鐘左右，把能想到的與**他人的約定**列出清單來。

　　若是用筆記本或日曆記錄時，看著那些紀錄也 OK。

　　當然，只要以工作為中心去想就好，但在私生活中若與重要的他人有約定，就可以寫入下一頁的約定清單中。

　　請自己決定是否重要。若很苦惱，總之就先加入「約定清單」中吧。

約定清單（所需時間：10分鐘）

-
-
-
-
-
-
-
-
-
-
-

CHAPTER 2 工作管理的基本步驟

各位覺得如何呢？

是否能列出所有與他人約定的清單呢？

要嚴守與他人的約定才能提高人家對你的信任，若是不遵守與他人的約定或是雙重訂約，那都是很荒謬的。

要定期且毫無遺漏地列出自己與他人相互間的約定，以好好掌握情況，這麼一來，就能放心投入工作了。

不要只是將他人的約定列出清單，要前進到基本步驟 3。

這裡，為了讓大家能容易理解，我們只在第 53 頁的約定清單中寫出與他人的約定。實際上在用工作管理工具來管理工作時，會將與他人的約定登記在工作管理工具中後再進入到基本步驟 3。

基本步驟 3
分類列出的約定清單

　　就像第 50 頁中所說過的，大略分類約定可分為**與自己的約定**以及**與他人的約定**兩種，在進行工作管理時最重要的，就是與他人的約定。

　　而且與他人的約定還可以再細分為 3 種。

　　以下將具體來說說各個與他人間約定的管理方法。

與他人的約定有 3 種

　　若再將與他人的約定（以下簡稱為「約定」）細分化，可分成如下 3 種。

預定事項：有設定時日的約定⋯會面　　等
企劃方案：有設定截止時日（兩天以後）的約定⋯有期限的工作　等
任　　務：沒有設定時日的約定⋯臨時委託　等

　　將約定細分化的標準是如下二者。

①是否有設定時日
②是否有期限

企劃專案也有被稱為長期企劃專案或企劃的。

若從企劃專案的定義來思考，被告知「拜託盡早完成」「拜託在今天以內完成」的約定截止日不是在兩天以後，所以是任務而非企劃專案。「盡早」以及「今天以內」就大致而言都是一種期限，但「盡早」「今天以內」都沒有設定嚴密的時日。因為要設定時日，就一定要包含**時刻**。

例如做為當天的緊急工作而被告知「今天的17點前截止！」這就是設定有嚴密時日的期限，所以也可以勉勉強強說是企劃專案。

可是在當天才接到的緊急約定，大部分都是非常緊急必須立刻著手進行，所以特意將之當成**臨時委託**會比較妥當。

若要遵守約定，最好是能立刻處理該件工作。

企劃專案可以分成兩種要素

企劃專案有期限，到截止日為止必須花時間來進行工作。因此很多人會把管理方式想得很難。

可是只要把企劃專案分成如下兩種要素，就能夠簡單管理。

【關於企劃專案的兩種要素】

· 企劃專案的截止期限
· 企劃專案的任務

　　所謂**企劃專案的截止期限**，正如字面上所說，指的是「截止日」。

　　企劃專案的任務則是指企劃專案發生的那天到截止日為止所進行的任務。

　　例如若將本書的製作當成企劃專案，就會是如下情形。

〈企劃專案〉

名稱：ASA 出版　工作管理術
任務：寫作原稿
截止期限：20XX 年 10 月 30 日（四）17 時
發生日：20XX 年 06 月 01 日（二）

　　從發生日開始到截止期限為止的天數是為推進企劃專案所能使用的最大期限時間資源。

約定就用日曆與 ToDo 清單來分類、管理

　　至此，我們已經理解了預定事項、企劃專案、任務是各不同類型的約定，以及企劃可分成兩種要素。

　　若用一個工具來管理有時日設定的約定以及沒有時日設定的約定，會有不方便之處，所以要管理約定，就要使用圖

4 的兩個工具。

使用這兩種工具時，有人會覺得工作管理很複雜，所以可以特意製作、分類、管理日曆與 ToDo 清單。

通過以下兩個階段就能管理所有的約定。

【工作管理的步驟】
1. 用日曆來管理預定事項與企劃專案的截止期限。
2. 用 ToDo 清單來管理企劃專案的任務與其他所有的任務。

那麼，以下就來一一說明各步驟。

1. 用日曆來管理預定事項與企劃專案的截止期限

因為預定事項與企劃專案都設定有時日，一開始就要登記在日曆上。

將預定事項與企劃專案的截止期限寫入日曆中時，標題不要只寫內容，還要寫是**與誰定下的約定**，也就是要一併寫入**人名**或**公司名**。

例如預定事項中有個約定是「05 月 20 日（五）15 點在忠犬八公像前與大山先生會面」。若將這預定事項登記在日曆中時會如圖 5 那樣。

將企劃專案登記在日曆中時，**同時也要寫入截止期限與標題**。

不過在日曆中寫入提前的截止期限是 NG 的。

圖 4　管理約定的兩種必須工具

[日曆（週間）]

17 5月,二	● 16:30～18:00	準備進行SH的錄音
18 5月,三	● 16:10～16:25 ● 16:30～18:00 ● 21:15～21:30	接送家人 SH錄音 接送家人
19 5月,四	● 13:30～14:30 ● 17:00～18:00	錄音＠二宮 倉島先生 會面＠小田原
20 5月,五	● 10:00～13:00 ● 15:00～16:00 ● 16:10～16:25 ● 16:30～17:45 ● 21:15～21:30	【10/30】ASA出版 寫稿 大山先生 會面＠忠犬八公前 接送家人 木曜ZOOM 接送家人

[ToDo清單]

- ☐ ASA出版 寫稿（每天）
- ☐ 檢查郵件（每天）
- ☐ 購買新滑鼠
- ☐ 丟可燃垃圾（每星期一・四）
- ☐ 檢查資料（每星期三・五）
- ☐ 收集資料（每天）
- ☐ 資料歸檔（每週末）
- ☐ 精算交通費（每月底）
- ☐ 預約午餐會
- ☐ 準備伴手禮
- ☐ 錄音的準備
  ⋮

CHAPTER 2　工作管理的基本步驟

圖5　登錄預定事項

5月

一	二	三	四	五	六	天
9	10	11	12	13	14	15
16	17	18	19	20	21	22
23	24	25	26	27	28	29
30	31					

15時
大山先生 忠犬八公前

　　或許大家會覺得都是些瑣事，但那都是非常重要的重點。不要夢想著將截止日提前，而是要留心死守截止日。

　　例如，假設 ASA 出版委託的〈工作管理術〉這個企劃專案的截止日是到 10 月 30 日（四）17 點截止，就要將截止時日為「10 月 30 日 17 點」的委託者「ASA 出版」、企劃專案名稱「工作管理術」寫入如圖 6 那樣的日曆標題中。

　　雖說若能稍微提早完成最好，但輕易地將截止日改為 10 月 27 日（一）17 點等，之後就會搞不清楚真正的截止時日到底是 10 月 30 日（四）17 點，還是 10 月 27 日（一）17 點。

　　我們在趕不上截止日時，只會想到要提前截止日。

　　可是要是很不幸，就會想不起來真正的截止日。

圖6　登錄企劃專案

10月

一	二	三	四	五	六	天
6	7	8	9	10	11	12
13	14	15	16	17	18	19
20	21	22	23	24	25	26
27	28	29	30			

10/30 17時
ASA出版 工作管理術

這麼一來，就會因無法遵守約好的截止日而困擾。

登錄在日曆上的資料，要盡可能**是對做出約定的對方與自己雙方來說是正確資訊**。若是變更了只有自己知道的資訊，之後就會成為引起問題的原因，所以必須注意。

2. 企劃專案的任務與其他所有任務都用 ToDo 清單來管理

若將預定事項與企劃專案的截止日都登錄到了日曆上，接下來就是製作 ToDo 清單。

要用 ToDo 清單來進行管理的，就是企劃專案的任務與其他所有任務。

任務分有只要進行一次的任務與多次反覆進行的任務。

只進行一次的任務稱做**單次任務**,重複進行的任務則稱做**重複任務**。

可以將每天、每一個平常工作日、每星期一、每月 10 號等重複模式進行的重複任務設定好寫在 ToDo 清單上。

例如,將企劃專案〈工作管理術〉的任務設為「寫稿」。

首先,在 ToDo 清單上就將「寫稿」登錄為**重複任務**(圖7)。

接著在企劃專案結束的截止日前,每天都進行重複任務「寫稿」。

重複任務並不限於是企劃專案的任務。

也有像是檢查郵件以及打掃桌子等每天要重複的任務。

也就是說,ToDo 清單是由**企劃專案的任務(重複任務)**、**非企劃專案的重複任務**以及**單次任務**三種要素所組合而成的。

【**ToDo 清單中三種要素的組合例子**】

☐ 寫稿(企劃專案的任務=重複任務)

☐ 檢查郵件(重複任務)

☐ 購買新滑鼠(單次任務)

⋯

圖7 重複任務

【企劃專案】
企劃專案名：工作管理術
委託者：ASA出版

> 【任務】：寫稿
> 【截止日】：20XX年10月30日（四）17點
> 發生日：20XX年06月01日（二）

【ToDo清單】

〈寫稿〉（重複任務）

20XX/06/01	06/02	06/03	06/04	……20XX/10/30
寫稿	寫稿	寫稿	寫稿	……寫稿

　若是做到了這地步，在第 53 頁一開始挑選出的**約定清單**中，幾乎所有事項都能分配到日曆或 ToDo 清單中了吧。
　統整一下約定的分類就會如下。

【約定的分類】

預定事項→日曆

企劃專案截止日→日曆

企劃專案任務→ ToDo 清單

任務→ ToDo 清單

　若能將各約定恰當地分類至日曆與 ToDo 清單中，接下來就要進行企劃專案的相關說明。

2-6 基本步驟 4
對企劃專案進行次級任務管理

在 55 頁的「2-5 基本步驟 3 分類列出的約定清單」中，我們說過，企劃專案中有截止日以及任務兩種要素，以及要將企劃專案的截止日登錄在日記上、任務則是到截止日前都將重複任務登錄在 ToDo 清單中。

圖 8　企劃專案的管理方法

【企劃專案】

企劃專案名：工作管理術
委託者：ASA出版

> 【任務】：寫稿
> 【截止日】：20XX年10月30日（四）17點
> 發生日：20XX年06月01日（二）

[日曆]

10/30
ASA出版
工作管理術

【ToDo清單】

〈寫稿〉（重複任務）

20XX/06/01	06/02	06/03	06/04	……20XX/10/30
寫稿	寫稿	寫稿	寫稿	……寫稿

若是將 63 頁的寫稿例子做成圖表，就會如圖 8 那樣。

像這樣記錄企劃專案的截止日及任務後，接著只要在截止日前進行任務就好。

可是在例子中所舉出的企劃專案〈工作管理術〉任務「寫稿」中還包含有各種各樣的要素。

接下來要來談談包含在任務中的要素——次級任務的處理方式。

次級任務就用「任務＋檢查表」的形式來管理。

例如在企劃專案〈工作管理術〉的任務「寫稿」中，會包含有各種各樣的次級任務，像是「寫圖解」「寫第 2 章的統整」「寫『前言』」等。

基本來說，要將企劃專案的任務當成重複任務來處理時，若將次級任務當成企劃專案的任務來管理，重複任務就會增加，這麼一來，企劃專案就會沒完沒了。

圖 9　用「任務＋檢查表」來管理次級任務

□ASA出版 寫稿（設定為重複） 主任務
　└□寫圖解　次級任務（＝單次任務）
　└□統整CHAPTER2　次級任務（＝單次任務）
　└□・・・・・・・　次級任務（＝單次任務）
　└□・・・・・・・　次級任務（＝單次任務）

圖 10　任務＋檢查表（分層注意事項）

☐企劃專案　**主任務**
　└☐單次任務　**次級任務（＝單次任務）**
　　└☐單次任務的任務　←X這個層次以下的不使用

因此，建議要將次級任務當成單次任務，以如圖 8 的「**任務＋檢查表**」形式來進行管理。

此外，要像圖 10 那樣，分層不要分到兩個層級以上。

在「任務＋檢查表」中，只有在設定了重複任務的主任務的下一級會使用到分層。

同時還要遵守以下兩個規則，養成每天都檢查企劃專案進度的習慣吧。

【檢查企劃專案時的規則】
・將次級任務設定為單次任務
・分層只設一層（設為子任務）

即便只有一個也好，只要完成了次級任務，就不會有無法專心於企劃專案上的情況了。

圖 11　關於下一個行動

□ASA出版 寫稿（設定為重複）
　└□寫圖解　　←下一個行動
　└□統整第2章
　└□・・・・・・・
　└□・・・・・・・

此外，如同圖 11 所示，可以將最上面的次級任務看成是**下一個行動**，**每天最少要完成一個下一個行動**＝就能累積**推進企劃專案**的體驗。

就像這樣，因為將在企劃專案中重複任務的次級任務當成單次任務來進行管理，完成了哪些企劃專案的任務或是有哪些沒完成，就能一目了然。

也就是說，這可以防止重複進行相同的任務，或是發生遺漏任務的情況。

2-7 基本步驟 5
將約定可視化

若持續進行工作管理，就能將工作的狀況**可視化**。

所謂的可視化，亦即一看就能搞清楚工作的狀況。

也就是說，只要持續進行工作管理，就能掌握業務現狀。

誠如第 29 頁所說過的，**因為確實執行了約定，連帶地就會自動整理好與約定有關的資訊，同時也會提高他人對自己的信任**，這是進行工作管理最大的好處。

那麼以下就來列舉在工作管理中最低限度應該要做到的事項。

【工作管理中最低限度應該要做到的事】
①將預定事項與企劃專案的截止日記錄在日曆上
②將企劃專案的任務以及其他所有任務記錄在 ToDo 清單上
③將任務分成「已經執行的任務」以及「尚未執行的任務」

【工作管理中最低限度應該要做到的事】的三件事項就是工作管理的「核心」。

圖 12　沒有將約定可視化的 ToDo 清單

[勾選框]
- ☐ 連載寫稿
- ☑ 信件
- ☑ 整理備品
- ☐ 準備送書清單
- ☐ 訂購滑鼠
- ☑ 製作幻燈片資料
- ☐ 查詢要買的滑鼠
- ☐ 催收填寫問卷調查

[雙刪除線]
- ・連載寫稿
- ・信件
- ・整理備品
- ・準備送書清單
- ・訂購滑鼠
- ・製作幻燈片資料
- ・查詢要買的滑鼠
- ・催收填寫問卷調查

　　我們已經在第 55 頁提過①「將預定事項與企劃專案的截止日記錄在日曆上」與②「將企劃專案的任務以及其他所有任務記錄在 ToDo 清單上」，誠如前述，要將約定分別記錄在日曆與 ToDo 清單上。

　　若能確實做到①與②，接下來就要確認是否能確實執行③「將任務分成『已經執行的任務』以及『尚未執行的任務』」。

將約定可視化就能省去白做工

　　一般來說，我們會將**在各任務的勾選框中打勾**，或是用**雙刪除線來消除任務**的方式做為【工作管理中最低限度應該要做到的事】的③「將任務分成『已經執行的任務』以及『尚未執行的任務』」的方法。

圖 13　將約定可視化的 ToDo 清單

[勾選框]
- ☐ 連載寫稿
- ☐ 準備送書清單
- ☐ 訂購滑鼠
- ☐ 查詢要買的滑鼠
- ☐ 催收填寫問卷調查
- ☑ 信件
- ☑ 整理備品
- ☑ 製作幻燈片資料

[雙刪除線]
- ・連載寫稿
- ・準備送書清單
- ・訂購滑鼠
- ・查詢要買的滑鼠
- ・催收填寫問卷調查
- ・~~信件~~
- ・~~整理備品~~
- ・~~製作幻燈片資料~~

　　可是，若像圖 12 那樣實際去看在各任務的勾選框中打勾，或是用雙刪除線來消除的 ToDo 清單時，卻讓人感覺意外的很難懂。

　　因為我們並沒有將約定可視化。

　　若是像這樣沒有將約定可視化，就會發生放著預定事項不管或疏忽・遺漏了任務的情況，因此最危險的就是認為還沒做的事「已經做過了」。

　　此外，將好不容易做完的事誤以為「還沒去做」本身，也會白費大腦多餘的容量，很是可惜。

　　若是不知道自己做了什麼又或者什麼還沒做，儘管忙碌不已，也還是會再度去做完全一樣的任務。各位應該不想像這樣白浪費時間與勞力吧？

因此讓我們像圖 13 那樣分成「執行過了的任務」以及「還沒執行的任務」，清楚地將之**可視化**吧。

和圖 12 對比一下之後可以發現，單是這樣，一眼看過去就清楚多了。

像這樣的事，幾乎無法進行模擬。雖然也可以將一個一個的任務寫在便利貼上移動，但若是沒了便利貼或還要花時間去更換、重貼就太不切實際了。

從將工作管理可視化的觀點來看，很推薦使用數位化的工具。

2-8 基本步驟 6
不要放著約定不管

誠如在第 29 頁所定義的，工作管理是能「將約定可視化以提高他人對自己的信任」的方法。

若是忘記約定、延遲而無法趕上截止日期，就會失去他人的信任，所以才要進行工作管理。

也就是說，工作管理的目的也可以說是**執行約定、完成工作**。

總之就是去做

現今有各式各樣的工作管理術。

因為有很多的工作管理術，或許大家會覺得在工作管理術中有各種各樣的方法，但其實工作管理術有個共通點。

工作管理術的共通點就是都會聚焦在**「該如何做到約定？」**這點上。

從第 3 章到第 5 章所提到的 GTD、TaskChute 以及明日法則也是一樣的。

若無法做到約定，不僅會失去他人的信任，或是會積累

下更多的約定，同時也將始終都無法完成約定。

　　不論是只有想到約定還是只有確認約定都無所謂。重要的是，一天至少要接觸該約定一次，不要讓其離自己太遠。

　　若是約定與心理距離拉遠了，就會覺得那不是什麼大事，然後變得漸漸難以著手處理。

　　而且若一天天地與約定拉開了心理距離，經過 30 天後，那就會變成是一件大工程了。

　　專案企劃沒有進展，或是沒有完成企劃書的原因只有一個，**就是沒有去執行**。

　　工作管理頂多是支援你去執行約定，但**工作**終究必須**要自己去做**。

　　首先就來完成在第 1 章「1-7　先來製作『今日清單』吧」（第 32 頁）中介紹到的今日清單吧！

2-9 基本步驟 7 寫工作紀錄

列有執行前任務的 ToDo 清單上記錄有執行任務後標記進行完成的印記，包括打勾或雙刪除線等，所以可以做為**工作紀錄**。

比起工作紀錄，一般人多容易更重視列有接下來要做、還沒完成的任務的 ToDo 清單（未完成清單）。

可是這兩者的關係是相對等的，甚至工作紀錄的價值反而更高。

因為工作紀錄是在記錄已經執行的任務，而未完成清單則不過是還沒著手進行的任務紀錄。

任務的真正價值

面對未來，若只想著「想那樣做」「想這樣做」是很簡單，而且要寫出未來的希望也很容易。

可是一旦要執行時情況又是如何呢？

「啊～今天也沒做到」「雖然想要去做○○，卻難以做到」等，或是業務量很多，或是沒辦法按所想的去進行工作，各位不覺得要將「想那樣做」「想這樣做」付諸實行的

難度很高嗎？

也就是說，要去執行任務才有意義。

要去執行列在未完成清單中的任務需要多少時間？採行順序為何？只有去執行了任務才會清楚知道。

如同在第 29 頁說過的，透過工作管理讓約定可視化並完成約定能夠提高別人對自己的信任。

工作紀錄是進行過的任務紀錄，所以愈是完成了任務就愈是會增加工作紀錄，因此也能獲得相應的自我效能感。

而且透過確實完成任務，也會提高他人對自己的信任。

要寫工作紀錄只要做一個動作就好，亦即將未完成清單打勾（或劃雙刪除線）即可。

在未完成清單的任務上打勾（或劃雙刪除線）時就會留下工作紀錄，所以能隨時獲取工作紀錄的資訊。

工作紀錄中全是對工作管理有益的資訊，包括何時、用什麼工序、在什麼時候做工作等。

例如在「何時」「何地」會比較容易進行工作？身體不適時該採取什麼應對法？等。

只要知道了這些資訊，做起工作就能很有效率，或是當陷入歷經過的狀況中就能立刻做出應對，所以關於執行過任務的資訊，要盡可能的保存下來。

基本步驟 8
留意 1st 階段與 2nd 階段

雖沒有明確區分，但工作管理術可大致區分為如下的兩個階段。

・1st 階段（First phase）
・2nd 階段（Second phase）

進行工作管理時，先從 **1st 階段**開始，之後才轉移到 **2nd 階段**。

工作管理的流程與各階段

若是將到目前為止所說過的工作管理流程分為 1st 階段與 2nd 階段，將會如下所示。

※ 依據不同的工作管理方法會有細微的差異，但就做為工作管理這一大流程來思考，將會如下。

【工作管理的流程】
（1st 階段）
1. 寫出全部約定

（**2nd 階段**）
2. 將約定分為預定事項與企劃專案的期限，並寫在日曆上
3. 將企劃專案的任務當成是重複任務、任務則當成是單次任務地登記在 ToDo 清單上
4. 在 ToDo 清單上追加進今日任務（製作今日清單）
5. 將明天才要做的任務移動到明天之後的清單上
6. 寫工作紀錄
7. 管理明天才要進行的任務

　　做工作管理時，每天都要進行【工作管理流程】。

　　為了寫出所有約定，並登記在日曆或 ToDo 清單上，在一開始進行工作管理時或許會覺得「負擔很大」。

　　但是從 2nd 階段開始，就會因為以下的兩個原因而變得愈來愈輕鬆。

1. 寫出的約定減少了

【工作管理流程】的 1st 階段「1. 寫出全部約定」要在開始工作管理時進行。

　　也就是說，在 2nd 階段只要寫出新的約定就好，所以負擔確實會減少。

2. 登記的地點以及內容要清楚明確

　　在開始進行工作管理時，決定好要使用的日曆或 ToDo 清單。

同時，透過每天重複進行工作管理，在每次產生約定時都會很清楚要登記在哪裡，譬如在日曆上記下預定事項與企劃專案的期限，在 ToDo 清單上記下企劃專案的任務以及其他所有任務等，因此就能逐漸減少負擔。

即便看著【工作管理流程】並覺得每天都有許多必須要做事，但其實負擔並沒有想像中的重。
　　愈是能順著自己的工作持續進行工作管理，愈是能有效率且輕鬆地執行約定。

　　在第 2 章中是以在第 1 章所提過的「對工作管理的誤解」為基礎，再次定義工作管理究竟是什麼，以及在工作管理中所使用的詞彙。
　　自第 3 章開始，將要具體來談談工作管理術。
　　請務必試著去找出適合你的工作管理術。

CHAPTER **3**

工作管理術 1
~ Getting Thingss Done（GTD®）~

3-1 說到工作管理術就一定要提 GTD

到第 2 章為止,我們談過了工作管理術的整體。從第 3 章起將要來介紹在各工作管理術中都會使用到,也就是所謂工作管理術基本原則的以下三個方法論。

【3 大工作管理術】
・Getting Thingss Done（GTD）
・TaskChute
・明日法則

首先,來談關於出自美國的世界知名工作管理術資訊整理術,也就是 **Getting Thingss Done（GTD）** 這個方法論。

其實一般被稱為工作管理術工具的服務,幾乎都是以 GTD 為基礎,像是 Nozbe、OmniFocus、Todoist、Asana 等這些工具管理術工具。

或許你也在不知情的情況下使用著 GTD。

為什麼 GTD 是如此優秀的工具管理術呢？
因為能立刻獲得成功體驗。

能立刻獲得成功體驗究竟是什麼意思？

能立刻獲得成功體驗的 GTD

不止是 GTD，幾乎所有**工作管理術**都有效。因為只要透過進行工作管理來讓約定可視化、持續管理約定，就能持續掌握現今的狀況。

反過來說，不進行工作管理可以說就**難以確切掌握、認清定下的所有約定**。

人本來就是健忘的生物，大致來說，關於工作的約定本就很繁多，而非只有一、兩個，而且有時也會有幾個月之後而非一、兩天後的約定。

誠如第 2 章說過的，一開始進行 GTD 時要**花上兩小時盡數找出、過濾出在意的事**。

這非常簡單，而且實際上也讓大家在第 53 頁實際體驗過了簡易版。

行為心理學指出，人有種傾向，就是一旦做成功了某事就會感到開心，並且會重複去做那件事。

也就是說，因為能立刻獲得成功體驗，就能持續進行工作管理。

最終，GTD 就會成為優秀的工作管理。

那麼從下一頁起，就要來談談 GTD 是什麼？以及其中的重點。

3-2 GTD 的 1st 階段與 2nd 階段

首先來簡單了解一下 GTD 的概略吧。
若直譯 Getting Thingss Done，就是「搞定」的意思。
在 GTD 中最關鍵的重點就是「搞定」。

GTD 是為了「搞定」的工作術

GTD 的提出者是大衛・艾倫（David Allen），他認為，若介意的各種事物（在意事項）都處於完成狀態，心靈的狀態就會變得清澈如水般，所以他用「清澈如水的心」來表現。

而 GTD 就是能變成這個「清澈如水的心」的方法，其全部則是由五個步驟所構成。

【GTD 的 5 步驟】

（1st 階段）
步驟 1. 寫出所有在意的事
步驟 2. 檢視事物
步驟 3. 整理事物
步驟 4. 再度檢視事物／製作今日清單

（2nd 階段）

步驟 5. 執行

参閱『ストレスフリーの仕事術』（暫譯：無壓力工作術），二見書房。

那麼接下來就依序解說各步驟。

步驟1 寫出所有在意的事

誠如在第 2 章中「2-4 基本步驟 2　列出約定清單」（第 50 頁）所介紹過的，在步驟 1 中，約花兩個小時將腦中隱約模糊、沒有清楚輪廓的約定，亦即在意的預定事項或任務、企劃專案等全都寫在 ToDo 清單上。

在 GTD 中是以「**事物**」來表現這些數不清名詞的在意事項。

GTD 認為，被類似潛藏在大腦中**隱約模糊的事物奪去注意力的狀態，最是會妨礙工作**。

我們要澈底找出、過濾出那些事物，直到心情能放鬆為止。

順帶一提，建議用來寫出事物的 APP 工具是 Todoist。

Todoist 有個叫收集箱（inbox）的功能，可以將所有事物都寫在裡面。

不管是預定事項還是任務都可以，總之要全部寫出來。

在步驟 1 中，不論是工作、私生活還是值得專注努力的事項，都必須要詳細寫出的事物範圍與內容。

因為有恰當的心理狀態，才能判斷寫出的事物範圍與內容。
而那就是**放鬆心情時的心境**。
在步驟 1 中因為將事物全部寫出直到心情能放鬆，大腦中就不會再有事物，最後就能獲得**放鬆心情的心境**。
在步驟 1 中，總之就是專心致志地**書寫**吧。

步驟2~3　檢視・整理事物

其次是**檢視・整理**事物。
因為花在步驟 1 的時間比較多，查找、過濾出事物的 ToDo 清單就會變得很冗長、列有許多的約定。
因此要將寫出的事物一一分成不同的約定種類，登記在日曆與 ToDo 清單中。

【約定種類】
預定事項：有設定日期的約定
企劃專案期限：有訂下截止日期（兩天後）的約定期限
企劃專案的任務：有訂下截止日期（兩天後）的約定的任務
事物：沒有設定日期的約定

此時只是告訴了大家「要將各事物分類成各別不同的約定」，但或許大家並不知道該怎麼分類好。

因此在步驟 2～3 中必須做某件事。

那就是針對事物，問問自己「**這是什麼？**」

針對在步驟 1 中所寫出的所有事物，要一一詢問自己「這是什麼？」在腦中弄清楚各事物是什麼。

此時，若詢問自己後得出結果是「自己想做的事」或「自己的夢想」的事物，總之就登記在 ToDo 清單上吧。

【在步驟 1 中寫出的事物】
- 企劃專案 A（截止日：12/10）
- 買滑鼠
- 04／25 與北川先生會面@新宿
- 製作企劃專案 A 的資料
- 學習外文

……

【針對各事物自問自答】
- 企劃專案 A →企劃專案的期限→日曆
- 買滑鼠→單次任務→ ToDo 清單
- 04／25 與北川先生會面@新宿→預定事項→日曆
- 製作企劃專案 A 的資料→企劃專案的任務→ ToDo 清單
- 學習外文→自己想做的事→ ToDo 清單

就像這樣，透過對腦中數不清的名詞——各「事物」——自問自答「這是什麼？」就會弄清楚各事物到底都是些什麼。

最後就能從 ToDo 清單中刪除與自己的約定，或是能將與他人的約定區分成不同類型的約定。

透過在步驟 2～3 中檢視‧整理在步驟 1 中寫出的事物，就能將腦中模糊的事物轉變成為能數得清的名詞──Things 了。

步驟4 再度檢視 Things／製作今日清單

事物一旦變成了 Things，或許會讓人以為「接下來只要實行就好」，但其實還有一個步驟。

就是**特定出接下來該做的事，亦即決定好下一個行動**。

將寫出的事物全做為 Things 分類成各不同的約定，並整理到日曆或 ToDo 清單中的正確位置後，因為事物變成了 Things，一般會認為接下來就只剩執行了。

但現實是，像這樣特定出的 Things 可能會有十或二十個。

那麼一開始應該要執行 Things 中的哪一個任務呢？

其實，為了不在 2nd 階段的「步驟 5. 執行」中有所猶豫、迷惘，直到步驟 3 之前都要將事物設為 Things。

從步驟 1 到步驟 3，若有寫出並檢視・整理全部事物而感到心情變輕鬆後，之後應該就能獲得判斷力，搞清楚應該要做哪些事（下一個行動）。

誠如第 82 頁所說過的，提出 GTD 的大衛・艾倫提到，若能澈底將事物設為 Things，內心就會變成清澈如水的狀態。

也就是說，如果能將事物澈底整理至令人心滿意足時，內心就是澄靜的。而**因為內心澄靜，就能完成應該做的事**——Things。

這就是 GTD 的關鍵重點。

絕不是完成了所有事物所以內心就會澄靜。

如果直到完成事物內心仍處於不澄靜的狀態，那麼即便沒了事物，內心依舊混濁、混亂不堪。

事情不是這樣的，只要把事物設成 Things，在那個時間點就能實現內心澄澈的狀態。

寫出所有你惦念的事情，並將事物設成 Things 後就能獲得澄澈的心。依此來判斷**該執行的事**吧。

若能利用澄澈的心直覺地從 Things 中挑選出應該做的事，即便預定事項有 30 件、接近截止日的企劃專案有 20 件，你也絕不會迷惘、猶豫。

正是因為歷經了從步驟 1 到步驟 3 而獲得了**判斷力**，選出了應該做的唯一正確任務，所以在步驟 4 中才能從 Things 中選出「今日該做任務」，也就是下一個行動。

最後終能抵達屬於 2nd 階段的「步驟 5. 執行」。

重複愈多次 GTD 就會變得愈輕鬆

即便完成一次 GTD 步驟 1 到步驟 5，每天仍會冒出各種在意的事。

可是雖然再度從 GTD 1st 階段中的篩選出事物開始進行檢視・整理、再檢視，因為預定事項或專案企劃期限都已經被登記在日曆上了，就沒有必要重新篩選。

這也是一大重點。

寫出、檢視・整理、再整理縈繞腦中的事，並且不再去在意這些事物，亦即**將事物設為 Things 這件事正可說是進行 GTD 的意義**，所以在有做好工作管理的約定中是不可以有「事物」的。

首次利用 GTD 進行工作管理時，無論如何都會在 1st 階段中花上不少時間。

可是反過來說,只要做了一次 1st 階段,之後就不會再花那麼多時間了。

因為即便正在執行約定時電話響了、收到了郵件、上司交辦了新的企劃專案,也能將接收到的新約定登記在日曆或 ToDo 清單的恰當位置上,並且持續執行約定。

3-3 管理所有工作

至此我們已經談了在GTD中應該進行的所有5個步驟。

Things 是預定事項或企劃專案的期限時，因為已經決定好了日期，登記在日曆上時就很簡單。

可是像是任務或怎樣都不相符的項目（其他項目）時又該怎麼辦呢？

區分所有任務

在 1st 階段中花時間寫出來的事物數很多，而且即便經過檢視・整理、再檢視後設為 Things，Things 中的任務也會全都被記錄在 ToDo 清單中。

若只是將任務列在 ToDo 清單中，就會不知道「這任務的目的是什麼？」「這任務很緊急嗎？」「什麼時候才要做這任務」等，這樣的狀態就難以說是有在管理工作。

因此，依照執行列在 ToDo 清單上的所有任務時間，就必須做出如下的區分，確實做好工作管理。

【區分任務】
① 企劃專案的任務（重複任務）
　→原則上每天都要做→今日清單
② 今天內絕對要做的任務
　→今天做→今日清單
③ 明天再做也可以的任務
　→明天再去想→明天以後的清單

就像這樣，區分好任務後，被分在明天以後的清單中的任務應該占絕大多數吧。

在 GTD 中稱這分明天以後的清單為**終有一天要做的清單**（Someday List）。

可是「明天」和「終有一天」不一樣。

因此本書中會將明天以後的清單以及終有一天要做的清單分開來思考。

因為「終有」這個沒有期限的 Someday List 中的任務，就算不做，也不會影響他人對自己的信任，所以是船到橋頭自然直。

減少不必要的任務

區分好任務後，接下來就來減少記錄在明天以後清單上的任務吧。

方法非常簡單。

針對明天以後的清單上的任務，一一徹底詢問自己「這是什麼？」然後用接下來的兩個觀點來區分任務。

【區分明日以後的清單中的任務】

・ 絕非一定要自己去做的事

（例：學習與工作無關的程式設計　等）

→ Someday List

・ 自己無論如都想做的事

（例：學習外文　等）

→ Someday List

若用第 85 頁的例子來說明，則如下。

【針對明天以後的清單中各任務提問】

・ 企劃專案 A →企劃專案的期限→日曆
・ 買滑鼠→任務→ ToDo 清單→明天以後的清單
・ 04/25 與北川先生會面＠新宿→日曆
・ 製作企劃專案 A 的資料→企劃專案的任務→ ToDo 清單
　→今日清單
・ 學外文→自己想做的事→ ToDo 清單→明天以後的清單
　→ Someday List

……

※此處無關乎記錄在日記中的項目，所以不提及。

也就是說，只要試著將所有任務都可視化，就能從今日清單或明日以後的清單中，消除掉即便不去執行也不會影響到他人對自己信任的任務。

Someday List 就是能消除這些的暫時避難所。

此外，**來自自己身體（肉體）的委託**與自己想做的事是不一樣的。

例如「牙齒好痛，來去看醫生」就是**來自自己身體委託的約定**，不純粹是自己想做的事。

好好弄清楚什麼是**任務**吧。

牙齒痛就是有了蛀牙，因此不要說什麼「終有一天要去看牙醫」這種話了。

什麼時候才要去做列出來的任務？

若是將所有籠統列在 ToDo 清單中的任務都區分好了，就要來管理列在今日清單以及明日以後清單上的任務。接下來要談談該怎麼管理。

例如利用工作管理工具來表示今日清單會如圖 14 所示。

此處會列有企劃專案的任務及今日內絕對要做的任務。

將任務安排在今日清單中時，必須為任務標上（今天的）日期。

因此在選用工作管理的 APP 時，要選擇像圖 14 那樣能加上「今天」日期的 APP。

因為若是每個企劃專案中都有相同的任務，卻不在每個企劃專案的清單中進行管理，就得登記下很長的任務名，像是「◎◎商業公司　製作合約書」「▲▲產業　製作合約書」「◆◆公司　製作合約書」等等，會很花時間。

只要在每個企劃專案的清單中進行管理，就會自動記錄下委託者的資訊而只要登記下任務名就好，例如「製作合約」「製作展示資料」「製作報價單」等。這樣一來，就能比前者更有效率地來進行工作管理。

在圖14最上方的業務中，右下角所顯示的「◎◎商業公司」就是企劃專案的清單名，也就是委託者的名字。

此外，在每個企劃專案中的清單上記錄下任務後，只要在企劃專案清單上為指定的任務添加日期（今日），就能自動將之配置在今日清單中。

正因為是每天都要進行的工作管理，所以**若能稍微少費一點功夫，就是能長久持續工作管理的訣竅**。

將手上所有企劃專案任務以及一定要在今天做的任務配置在今日清單中，並且將剩下的任務日期全都寫為「明天以後」，就會變成像圖16那樣。

此外，關於寫在明天以後清單上的任務，就放到明天再來想吧。

或許有人會說：「沒先做好之後的安排讓人很不安。」

那麼在擔心未來的事情時就動手去做吧。工作之所以沒有進展，是因為沒在進行工作。即便沒有訂定未來的計畫，現在該做的事也堆積如山。

在擔心明天之後的清單上的任務之前，養成習慣先看今天的清單吧。

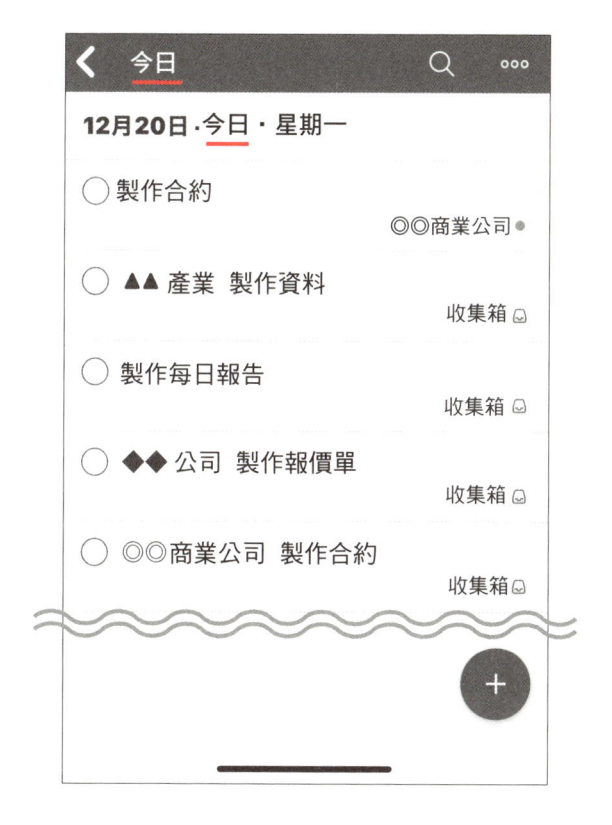

圖 14　今天內該做任務的 ToDo 清單

※在此是使用了ToDoist。

```
< 今日                    Q  ○○○

12月20日·今日·星期一

○ 製作合約
                        ◎◎商業公司 ●

○ ▲▲ 產業 製作資料
                        收集箱 ⌂

○ 製作每日報告
                        收集箱 ⌂

○ ◆◆ 公司 製作報價單
                        收集箱 ⌂

○ ◎◎商業公司 製作合約
                        收集箱 ⌂

                           +
```

圖 15　企劃專案任務的 ToDo 清單

◎◎ 商業公司

○ 製作合約
　　今天

○ 製作展示資料
　　星期一

○ 提整會面日程
　　明天

○ 提出PR案
　　明天

○ 調整團隊成員
　　星期三

圖 16　今日清單與明天以後的清單

```
< 近日預定事項              🔍   ⋯

20XX年12月 ⌄                    今日

 一    二    三    四    五    六    日
 20   21   22   23   24   25   26

12月20日・今天・星期一

◯ 製作合約
                              ◎◎商業公司 ●

◯ ▲▲ 產業 製作資料
                              收集箱 ⌂

◯ 製作每日報告
                              收集箱 ⌂

◯ ◆◆ 公司 製作報價單
                              收集箱 ⌂

◯ ◎◎ 商業公司 製作合約
                              收集箱 ⌂

12月21日・明天・星期二

◯ 提出年末調整資料
                              收集箱 ⌂

◯ 發行住民票*
                              收集箱 ⌂
```

*註：住民票，類似臺灣戶籍謄本。

3-4 今天做的事就是下一個行動

在 GTD 中有個概念是**下次要做的事（下一個行動）**。

如果只是將之當成「現在正在做的事」之後的「下一件事」的意思，有時在長期的企劃專案中就是指「接下來要做的事」（圖 17）。

決定好接下來要做的事很重要。

可是要怎麼決定呢？

從以前起對於在工作管理中，要怎麼決定「接下來要做什麼？」的方法就多有討論。現今也能看見有許多的意見，例如「去做真正重要的事吧」「應該要去做雖不緊急但很重要的事」「只要去做打心底想做的事就好」等。

圖 17　下一個行動的意思

☑ 現今在做的任務
☐ 接下來要做的事
☐ ‧‧‧‧‧‧‧‧‧‧
☐ ‧‧‧‧‧‧‧‧‧‧

┌企劃專案【ASA出版的寫稿】
└☐ 校對CHAPTER3←接下來要做的事
　☐ ‧‧‧‧‧‧‧‧‧‧
　☐ ‧‧‧‧‧‧‧‧‧‧

今天要做的事就是下一個行動

決定接下來要做的事時，從 ToDo 清單中**挑選出現在應該做的事**的由上而下式（Top-down）方法既有說服力也很容易懂。

可是自上而下式的方法沒那麼好上手。

那麼該怎麼辦才好呢？

我們不是要關注該做的事，反而要試著思考**把已經做了的事看成是下一個行動**。

我們經常會出現「雖然不是現在應該做的事，但還是不禁就去做了」的情況。

我們人類就是會若無其事地去做絕非該做的事，而不去做認為絕對該做的事。

寫在今日清單上的所有任務都是「超緊急」。把這些任務置之不理，而是去看 YouTube 或看漫畫時，可以改想成如下的情況。

要是看了漫畫，不要後悔地想著「糟糕，我看了漫畫！」而是硬轉成正向的想法：「我認為，從這部漫畫獲得的知識對超緊急的任務很有幫助！」

☐ 看了漫畫！←下一個行動
☐ 超緊急任務

今天該著手進行的事都是超緊急任務，又或是更為重要的任務。

從 ToDo 清單中挑選並執行接下來要做的事，是聰明又合理的由上而下法，所以最好是能熟練這個方法。

可是有許多人都無法熟練由上而下式的方法。

因為人不會按照大腦所想的去行動。例如即便腦中想著「很重要」，但狀況也會有所變化並變得沒那麼重要。

反過來說，無法熟練時，可以試著將不小心就忽視了的所有今日該做事項，想成是「**真正的下一個行動！**」

同時試著將不禁就去做的事當成下一個行動的任務，重新放置在企劃專案的正下方，然後重新思考該企劃專案的下一步。

⌐ 企劃專案【ASA出版的寫稿】
　└ ☐ 看完了漫畫！←不禁就做了接下來要做的事！
　└ ☐ 校對CHAPTER3←接下來要做的事？
　└ ☐ ・・・・・・・・・・

3-5 確認收集箱「歸零」

大致來說，工作管理的工具有**收集箱**，可以將工作一覽無遺。在步驟 1 中，要過濾出在收集箱中的事物，直到自己滿意為止。

過濾出事物後，腦中的事物就會以 Things 這個可算得出項目的模樣顯現出來（圖 18）。

誠如在第 82 頁所說過的，在 GTD 中，2nd 階段就是**「步驟 5 執行」**。

要能維持 2nd 階段所必須的就是一天內至少要**清空（歸零）收集箱**一次。

不論怎樣沒時間，都請注意一天要清空收集箱一次。

此外，即便沒空餘的時間，若將收集箱內的所有任務都移動到明天以後，那將是很危險的。

因為，會錯過收集箱中所有重要工作，導致完全沒著手去做。即便沒空餘時間，也要檢視一遍收集箱中的任務，並只要執行那些若是遺漏了沒做就會造成困擾的任務。

圖 18　收集箱中有任務時的狀態

```
< 收集箱                    🔍   ○○○

12月20日・今天・星期一

○  ▲▲ 產業  製作資料

○  製作每日報表

○  ◆◆ 公司  製作報價單

○  ○○ 商業公司  製作合約
```

　　GTD 的 1st 階段是從將事物追加進收集箱中開始的。

　　也就是說，收集箱歸零（圖 19）時，腦中也必定沒了事物。

　　開始使用 GTD 進行工作管理之後，若是有什麼約定、收到了什麼委託，或是有稍微在意的事，都要養成習慣立刻將之**丟進收集箱中**。

　　這麼一來，因為隨時將腦中的事物可視化，內心就會變得清明，而為了能將收集箱清空，就會去判斷該執行哪個任務。

圖 18　清空收集箱的狀態

收集箱

收集箱是空的
所有任務都被整理進企劃專案中。
要追加任務就要打+。

要養成習慣將事物放入收集箱中，讓內心處於清明狀態，推薦可以使用適合智慧型手機操作的 APP。

　　因為若是上司交下工作時，就可以立刻拿出手機，打開 APP，將任務追加進收集箱中。

　　若產生了約定（事物），能持續立刻把事物追加進收集箱的行動才是 GTD 的 2nd 階段，而且只要能持續下去，工作就會有進展。

※ 此外，Todoist 也可以和 Google 日曆連動。

3-6 GTD 的目標不是清空 ToDo 清單

這麼說很突然,但由於篇幅有限,本書不會談到所有的 GTD。

例如在 GTD 中出現的事件情境以及明日法則等就不會提到。

若是很忙碌的人,很遺憾,不論多熱血地去實踐 GTD,都無法達至能**將全部約定整理好的狀態**。

GTD 不是以**清空所有 ToDo 清單**為目標。

一如企劃專案的任務是將任務寫在 ToDo 清單上、將預定事項寫在日曆上,維持好將約定**精準地放在該在位置上的狀態**才是 GTD 的目標。

也就是說,**要清空的是自己的腦袋,而非 ToDo 清單**。

發生令人在意的事(事物)時,一定要將其當成約定,並確實登記在日曆或 ToDo 清單上。

確認是否有好好登記、記錄的行為,就是**「檢視」**。

做好檢視,就得以維持能確認與任務有關的正確資訊的狀態。

工作管理的系統,多少都會與現實狀態產生些落差。

或許也會遺漏掉打勾已經結束了的約定。

反過來說,或許也會打勾尚未結束的約定。

此外或許也可能沒將預定事項寫入到日曆中。

即便將預定事項寫入日曆中,或許也沒去審視移動時間。

最重要的是,或許沒寫出最在意的事。

像這樣,將各種情況與現實間落差做對比的情況稱為**檢視**。

也就是說,使用工作管理工具本身,可以說就是檢視,而且即便只有打一個勾也是很棒的檢視。

檢視中有個**「週間檢視」**(詳細會在第 109 頁介紹)。

週間檢視是每週至少重看一遍約定整體,並修復與現實間產生落差的事態。

若是經過了七天,約定的確有很高可能性與現實產生落差。因此就須要用週間檢視來檢查一下約定全體。

下定決心作廢不用的 ToDo 清單

GTD 中有各種類的 ToDo 清單，例如次級任務清單、今日清單、明天以後的清單、終有一天要做的事項清單等。

若工作管理的系統變大，與現實間的落差就會增大而無法解決，所以一定要能應對多樣性現實的一切。

我們經常會碰上的現實是，雖想去做，卻處在無法進行的狀況中，例如雖想學習英文，卻因工作忙碌而沒時間。

因為還沒決定好學習英文的時日，就無法當成預定事項登記在日曆中，而且若有時間將之當成企劃專案來製作計畫，不如現在立刻去學習英文，也不需要 ToDo 清單了。

因此我們就需要終有一天要做的清單這類 ToDo 清單。

話雖如此，運用各種 ToDo 清單卻不能說是個好方法。

只要增加一個 ToDo 清單，就會增加關注工作管理的時間與精力，像是要重看一次檢視，或確認是否有積累了還未執行的任務等。

準備好多樣的 ToDo 清單這點是可以考慮到能將約定做細分的管理，但考量到關注工作管理的時間與精力，**使用的 ToDo 清單還是少一些比較好**。

是否有 ToDo 清單是只有一個或兩個任務的呢？

請試著審視一下，你是否無法下定決心丟棄這樣的 ToDo 清單呢？

如果之後有需要，到時再讓它復活就好。

再重複一次，GTD **的終點是清空腦袋，並獲得將應該完成的約定收放在指定位置的狀態。**

這就是 Getting Things Done（GTD）的意義。

3-7 GTD 最後的堡壘

用 GTD 來進行工作管理後,應該每天都要將 ToDo 清單更新至最新狀態。

為了隨時都能顯示出最新狀態,執行任務後就要如下般打勾。

☐ 製作合約(企劃專案名:◎◎商業公司)

↓
↓
↓

☑ 製作合約(企劃專案名:◎◎商業公司)

這麼一來,ToDo 清單就是**更新到了最新狀態**。

也就是說,將 ToDo 清單更新到最新狀態就是**現實與打勾的內容同步**。

為了能繼續進行工作管理該做的事

只要**繼續進行工作管理**，就能保持 ToDo 清單處在最新的狀態。

但是我們三不五時就會中斷工作管理，休息一下或因為忙碌就延期。

GTD 中有非常實際的考量，那就是**「有時會暫時沒去做工作管理，而且意料之外的現實與工作管理系統的內容也有可能會不一致」**。

因此，GTD 中會採用**週間檢視**。

週間檢視就是**花時間將 ToDo 清單更新到最新狀態**。

一週至少要**重看一次 ToDo 清單以保持在最新狀態**。

例如有很多人應該都陷入過如下的情況中吧。

「我還沒動手去做昨天主任交代的工作，或許是因為我沒有確實將之記錄在 ToDo 清單上……。可是我很忙，實在無法做到！」

「奇怪，下星期的會議是在〇號？得要重新修正日曆、製作資料才行……。可是我很忙，實在無法做到！」

這些都是無可奈何的事。任誰都有可能碰到。

GTD 創始者的戴維・艾倫在其著書《搞定！工作效率

大師教你：事情再多照樣做好的搞定 5 步驟》（商業週刊，2016 年）中如下寫道：

「**不論怎麼努力，事情都會以令人難以企及的速度蜂擁而至**，應該所有人**都是處於這樣的狀況中**。我當然也不例外。」

之所以需要週間檢視，**就是為了能追上追不上的現實**。那麼以下就是週間檢視所要做的事。

□ 查看日曆
□ 將雜七雜八的紙類文件集中起來
□ 寫出事物
□ 清空收集箱
□ 更新ToDo清單（今日清單）
□ 重新修正ToDo清單（明天以後的清單）

約定時時刻刻都在改變。

當然，狀況也會隨著你的行動而改變。

遺憾的是，日曆或 ToDo 清單不會自動將一切更新成是正確的。

有時要變更預定事項，有時要修正任務，有時也要停止企劃專案。

但只要繼續進行工作管理，就會發揮一定的效力。而

GTD 的週間檢視，就是**最後的堡壘**。

即便假設你一直持續處在幾乎一星期都沒有去碰工作管理的狀態，但只要持續不中斷地去做週間檢視，就能享受到 GTD 的效果。

在第 3 章中，我們談到了工作管理術其中之一的 GTD。

GTD 是在本書所介紹的工作管理術中尤其具現實性考量的，所以很推薦給首次進行工作管理的人。

請務必試著下載並使用電子日曆與 Todoist 等工作管理的工具。

CHAPTER **4**

工作管理術2
~ TaskChtue ~

4-1 TaskChtue 的全貌

接下來要介紹的是 TaskChtue[*]。

說到 TaskChtue，或許沒使用過的人會難以想像那是怎麼一回事。

首先來介紹一下在 TaskChtue 中所使用的 APP 以及基本流程。

準備好 TaskChtue 中所使用的 APP

開始 TaskChtue 時，必須使用以下任一 APP。

【TaskChtue 的推薦 APP】

1. TaskChtueCloud ※ 有免費版
2. Taskuma（たすくま，TaskChute for iPhone）
   ※ 須付費 ※ 僅限 iPhone 使用
3. TaskChtue2 ※ 須付費 ※Excel base

若從未使用過任一【TaskChtue 的推薦 APP】，不要選擇小型的應用程式，同時很推薦有支援雲端的的第一個 TaskChtueCloud。

※TaskChtueCloud是只要從電腦登錄電子郵件，在智慧型手機上就也能使用。

---

[*] 註：TaskChtue，是大橋悦夫所思考得出的時間術、工作管理法。是以計畫、記錄、例行公事三個功能為主軸，輔助整理並進行工作的方法，須製作今天一天的工作列表，並填入開始與結束時間。

我想要只用 iPhone 就完成工作管理，所以有使用第二個的「Taskuma」。「Taskuma」是要付費的 APP，所以可以先試著使用第一個的 TaskChtueCloud，若有需要，再改用「Taskuma」就好。

第三個的 TaskChtue2 是 Excel base。雖無法用手機來進行管理，但很推薦給想用 Excel 來管理工作的人。

TaskChtue 的基本流程

TaskChtue 中具備有許多功能。

本書所介紹的是基本中的基本，但只要做到基本中的基本，就能獲得成效以**確實執行工作**。

【TaskChtue 的基本流程（4 步驟）】

（1st 階段）

1. 輸入開始工作的時間（開始時刻）、結束時間（結束時刻）

（2st 階段）

2. 第二次之後自動製作重複任務
3. 排列重複任務
4. 手動登記預定事項

TaskChtue 的大致流程就是以上 4 步驟。

詳細內容我們將從下一頁開始講起。

4-2 TaskChtue 的 1st 階段

首先要來說明位在 TaskChtue 的 1st 階段中的步驟 1。

步驟1 輸入各工作開始的時間「開始時刻」以及結束時間「結束時刻」

在第 3 章中已經介紹過的 GTD 是一開始就要寫出所有在意的事，並登錄在 Todoist 等的工作管理工具中。

而 TaskChtue 則是一邊執行工作，同時一邊登錄。

例如若是打定主意「來開始進行 TaskChtue 吧！」就要像圖 20 那樣，一定要先將從現在開始進行的一個**工作「開始時間」輸入進去**。

TaskChtue 中能登錄「開始時間」「結束時間」「任務名」「企劃專案」「標記」「欄目」等。

「任務名」「企劃專案」「標記」「欄目」等可以在之後做變更，但「開始時間」「結束時間」即便是在之後回想起並記錄下，也有很高可能性是不正確的。

圖 20　將工作登錄到 APP 中

※「Taskuma」的畫面。

```
< 今天   執行日：20XX/11/28日
         預定結束時間-23：02

　吃早餐
執行日：　20XX/11/28日
預估時間　001：10
企劃專案：【用餐】
重複：
標籤：　　@用餐
預定開始時間：
┌─────────────────────────┐
│開始時間：10：04          │
│結束時間                  │
└─────────────────────────┘
欄目：9-13
評價：
筆記：




            000:03:23 / 001:10:00    ▮▮  ■
  ↑ 沖澡                              ↓剪手指甲
```

CHAPTER 4

工作管理術 2 ～TaskChtue～

117

這麼一來，做 TaskChtue 就沒有意義了，所以一定要將工作開始時間寫進「開始時刻」中，將結束時間寫進「結束時刻」中。

※應用TaskChtue時請參考手冊或網路的資訊。

此外，Taskuma 中可以鎖定工作的標示。

記錄在 APP 中的工作，可以像圖 21 那樣做恰當的分類，像是「進行中」「未結束」「企劃專案」「標籤」「任務」等（因 APP 不同，顯示的分類也會不同）。

被分在各類中的任務會如圖 21 那樣，各自按「開始時刻」順序排列。

因此，結束一個任務後，就會顯示出下一個任務。

圖 21 任務的排列方式（不同類別）

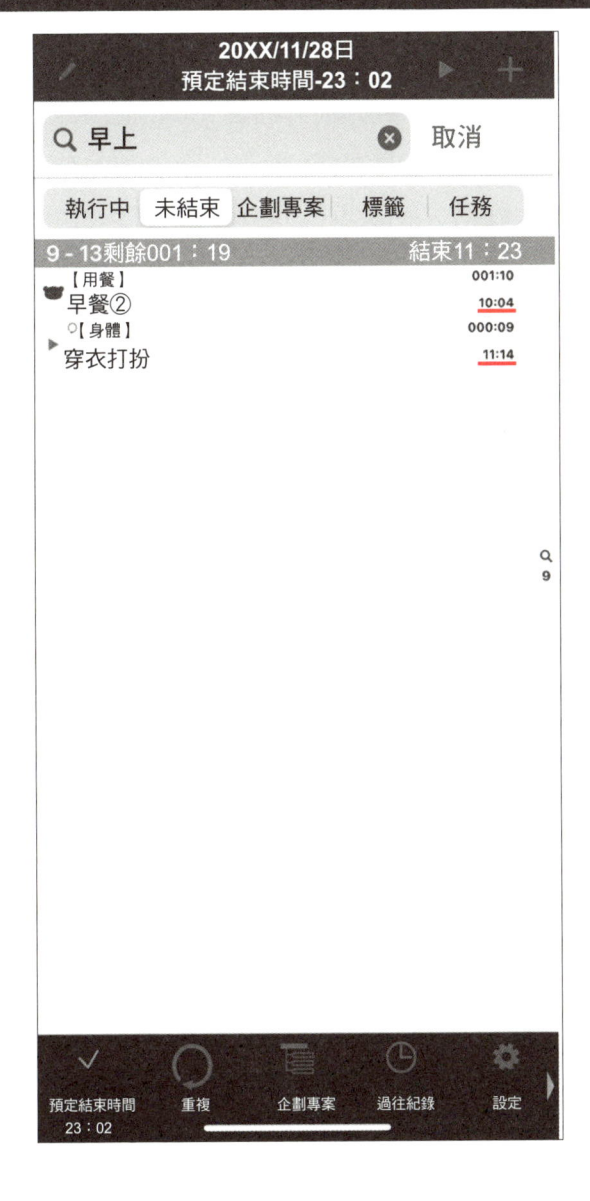

同時登錄在 APP 上的所有任務,都會顯示為 [任務]（圖 22）。

而且一旦開始進行任務,就會如圖 23 那樣,在 [進行中] 記錄下現正進行中的任務。

因此,一眼望去就知道「現在自己正在進行哪個任務」。

以上的步驟 1 就是 TaskChtue 的 1st 階段。

一開始必須一邊進行各任務,一邊登錄所有任務,所以會花不少時間,或許會讓人覺得很麻煩。

但是只要登錄好所有的任務,從第二次起就只要進行在下頁會介紹到的 TaskChtue 的 2nd 階段的步驟。

2nd 階段中,只要登錄新約定就好,所以麻煩程度會比預想要減輕好幾成。

那麼以下就來談談 TaskChtue 的 2nd 階段吧。

圖 22　任務的排列方式（所有任務）

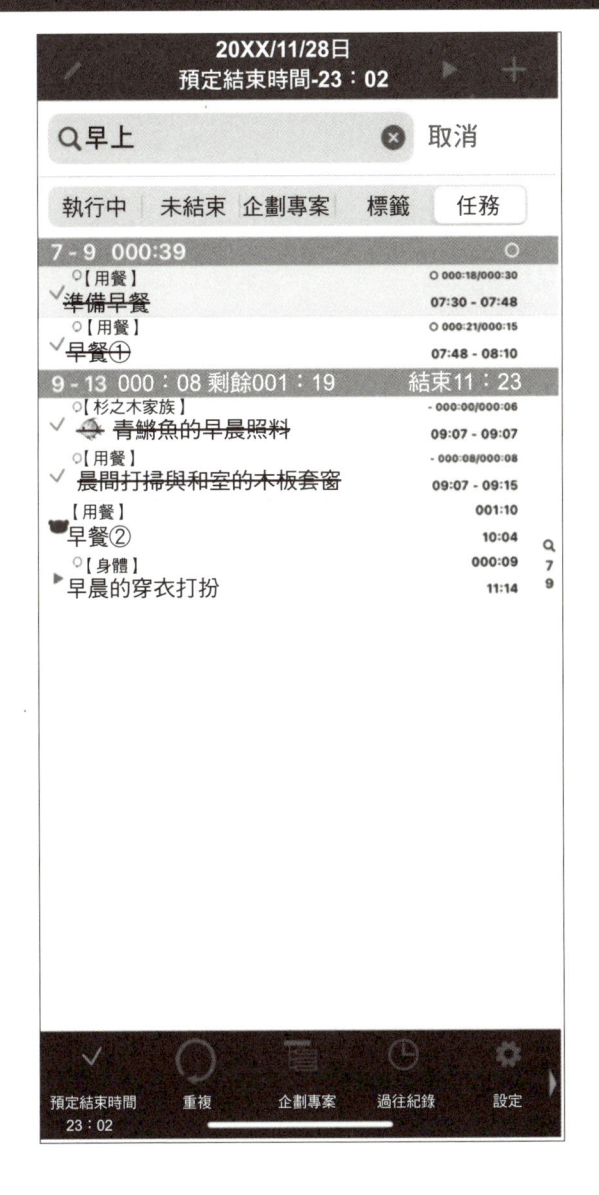

```
                20XX/11/28日
              預定結束時間-23：02

  🔍 早上                    ⊗    取消

  執行中   未結束   企劃專案   標籤   任務

  7 - 9  000:39                        ○
   ○【用餐】                    ○ 000:18/000:30
  ✓ 準備早餐                    07:30 - 07:48
   ○【用餐】                    ○ 000:21/000:15
  ✓ 早餐⊕                      07:48 - 08:10
  9 - 13  000：08 剩餘001：19    結束11：23
   ○【杉之木家族】               - 000:00/000:06
  ✓    🐟 青�的早晨照料   09:07 - 09:07
   ○【用餐】                    - 000:08/000:08
  ✓    晨間打掃與和室的木板套窗   09:07 - 09:15
   【用餐】                          001:10
  🍚 早餐②                          10:04
   ○【身體】                        000:09
  ▶ 早晨的穿衣打扮                    11:14


     ✓      ○      ☰      ⏲      ⚙
  預定結束時間  重複   企劃專案  過往紀錄  設定
    23：02
```

圖 23　執行中的任務

4-3 TaskChtue 的 2nd 階段

　　TaskChtue 的 2nd 階段是從步驟 2 開始到步驟 4 的三個步驟。以下就來一一說明。

【TaskChtue 的 2nd 階段】
步驟 2.　第二次以後就會自動製作重複任務
步驟 3.　排列今日任務列表中的重複任務
步驟 4.　手動登錄預定事項或企劃專案的截止期限

步驟 2　第二次以後就會自動製作重複任務

　　或許大家會認為，在 TaskChtue 中須要登錄進龐大數量的任務。

　　一開始的確須要登錄所有的任務。

　　但那也只是在一開始。

【將所有任務登錄在 TaskChtue 中的例子】

☐ 起床

☐ 洗臉

☐ 準備早餐

☐ 吃早餐

☐ 準備出門

☐ 將可燃垃圾拿出門

☐ 將不可燃垃圾拿出門

☐ 通勤

☐ 晨會

☐ 進公司後檢查郵件

☐ 檢查公文格

☐ 企劃專案的任務

☐ 購買伴手禮

～～～省略～～～

☐ 拜訪客戶

☐ 回家

☐ 洗澡

☐ 預約書籍

☐ 就寢

　　「購買伴手禮」「拜訪客戶」「預約書籍」等只要進行一次的**單次任務就須要每次都進行登錄**。

此外，若連「起床」「洗臉」「準備早餐」等要多次重複進行的任務也每次都重新登錄，就會變成是個非常麻煩的任務吧。

在 TaskChtue 中，只要在一開始就登錄好所有任務，自第二次之後，就會自動將重複任務製作成為今日任務，排列在前一天進行過的任務順序中。

而且能將每個任務分配好重複的方式，例如「每天」「每星期○」「每個月 10 號」等。

例如就像下面這樣。

【TaskChtue 中的重複任務】
☐ 起床（每天）
☐ 洗臉（每天）
☐ 準備早餐（每天）
☐ 吃早餐（每天）
☐ 準備出門（平日）
☐ 丟可燃垃圾（每週一）
☐ 丟不可燃垃圾（每週四）
☐ 通勤（平日）
☐ 晨會（每週一）
☐ 進公司後檢查郵件（平日）
☐ 檢查公文格（平日）

☐企劃專案的任務（截止日前的每一天）

～～～省略～～～

☐回家（平日）

☐洗澡（每天）

☐就寢（每天）

結果就是，**自第二次之後，登錄所有任務所花的功夫與時間都會比一開始來得大幅省略許多**。

步驟3 排列今日任務列表中的重複任務

在步驟 2 中會從每天、前一天的重複任務中自動製作出**今日的任務清單**。

今日的任務清單是，起床後你所看到的事物就會成為 ToDo 清單。

這一點不論在 Tsukuma 還是 TaskChtueCloud 都是一樣。

TaskChtue 沒有「**正在管理工作時**」與「**沒有管理工作時**」這樣的開關。

也就是說，只要持續進行 TaskChtue，就能維持一天 24 小時，一年 365 天都在利用 TaskChtue。

TaskChtue 中可以記錄「開始起床」的任務，也就是在就寢前記錄下「就寢開始」這個任務的起始，以及在起床時記錄下「就寢結束」。

因此**不存在沒有記錄的時間**。

而且在今日的任務清單上記載有今日該做的任務，所以起床並記錄下「就寢結束」時，即便只看著今日的任務清單，應該也會想起所有的任務吧。

今日的任務清單是以重複設定前一天進行過的任務為基準而自動製作完成的，所以基本上會順著前一天的順序排列。

也就是說，**必須配合著今日來排列任務**。

不論是從洗臉、刷牙還是吃早餐開始都可以，請一定要統整今日的任務清單。

經常有人會問我關於任務優先順序的問題，但其實不用在意優先順序也無所謂。

我們的活動有個模式，就是會像如下般，大致都很刻板。

【每天的活動範例】

起床

刷牙

換衣服

準備早餐

吃早餐

打扮

通勤

……

就寢

就像這樣，每天行動幾乎是很模式化的，**根本不須要考慮優先順序**。

我們無法在起床前刷牙、在準備早餐前吃早餐或是在打扮好之前出家門吧。

每天早上統整好重複任務後，只要稍微排列一下任務，就能製作完成一天的行動預定表，對此，或許你會覺得有點無趣。

經過十天後，應該也有人會覺得「自己的每一天都像這樣常規化了好嗎？」

可是，這樣是沒問題的。

這正是TaskChtue。

每天的任務排序有其必然性，我們會順著任務的順序而活動。

花在用餐、通勤、休息、入浴、就寢的時間長度是固定的，而且也會重複去做同類型的工作。

說不定還有可能留下幾乎一個月都一成不變的ToDo清單與任務紀錄。

因此，重要的是**留下實時日誌**這件事。

仔細觀察自己的行動對時間管理來說是很有效的。

比起之後的回顧，在正在進行中的任務獲得的資訊才是

最高品質又最大量的。

此外還要毫不妥協的進行細微的調整。

雖在進公司後立刻檢查郵件也可以，但說不定在進公司完成兩項任務後再做那項工作會比較好。

或許將在 10 點進行的會議延後至 11 點半會比較好。

雖然無法全都按自己喜好來，但在盡可能的範圍內做出微調是有很大意義的。

TaskChtue 中要進行任務順序的微調非常容易。

試著將通勤時間縮短一分鐘或拉長一分鐘看看吧。只要用手指改變一下任務的執行順序就能立刻做到

步驟4 手動登錄預定事項與企劃專案的截止日

TaskChtue 頂多只是管理工作的工具，不是管理預定事項或企劃專案期限等約定的日曆。

乍看之下，有詳細記錄著時間帶以及「結束時間」，所以容易讓人認為是**能管理時間的工具**。

可是，記載的時刻不過是紀錄，不是預定事項。

現今的 TaskChtue 中本就沒有所謂日曆的功能。

今日的任務清單中基本必須以手動來進行追加預定事項，而非任務。

也就是說，一定要將預定當成如下般任務的一種來插入。

【將預定插入今日任務清單中】

□ 起床（每天）

□ 刷牙（每天）

□ 換衣服（每天）

□ 準備早餐（每天）

□ 吃早餐（每天）

□ 梳妝打扮（每天）

□ 出門（每天）

□ 支付住民稅（每月月底）

□ 通勤（平日）

□ 到公司後檢查郵件（平日）

□ 11：00 開會

□ 檢查公文格（平日）

……

　　只要查看【將預定事項插入今日的任務清單】就會清楚，預定事項就是在**執行預定之前所完成任務的下一個任務**。

　　一天中只要去留意到預定的時刻就好。

　　在 TaskChtue 中，所有任務當然都是要去執行的。

　　誠如第 29 頁所說過的，工作管理是將約定可視化、能提高他人對自己信任的方法，所以優先該做的就是**預定事項**。

　　而透過將一個個約定做出明確的區分並準備好，就能明確賦予任務意義。

看了在【將預定事項插入今日任務清單】中的 ToDo 清單後，在 11：00 開會前「想檢查郵件」的動機就會很明確了。

這麼一來，透過逆推開始時刻，就會知道應該在何時結束掉開會前的「通勤」。

同時也會清楚知道能不能在通勤前確實完成「支付住民稅」，如果無法完成，最好將之延後到下午進行，而非早上去做。

就像這樣，預定事項若是有既定「開始時刻」的約定，在 TaskChtue 中就是有特別意義的任務，而你要決定好何時應該去做其他任務的時間。

以上就是從步驟 2 到步驟 4 的 TaskChtue 的 2nd 階段。

與在第 116 頁已經說明過的 1st 階段的步驟 1 相比，各位是否清楚了 2nd 階段是非常簡單又不費工的了呢？

4-4 製作「今日的任務清單」吧

在「4-3 TaskChtue 的 2nd 階段」（第 123 頁）提到過的 TaskChtue 的步驟 2 中，重複任務會自動製作完成並排入今日任務清單中。

這在 TaskChtue 中就是**今日的任務清單**（在 GTD 就是今日清單）。

具體來說會像圖 24 那樣。

圖 24 中的（每日）或（平日），就是在第 123 頁說明過的，每件重複任務的設定。

今日的任務清單是以重複任務為基礎

在此想告訴大家的是，今日的任務清單是以各種不同頻率的**重複任務為基礎**所形成的。

或許各位平常不會意識到重複任務是基礎，但幾乎所有人都在**過著進行各種重複任務的每一天**。

不過，圖 24 頂多是包含了有重複任務的 TpDo 清單。

不須要每次都記錄下預定事項、單次任務以及新任務。

圖 24　掌握重複任務

☐ 起床（每天）
↓
☐ 洗臉（每天）
↓
☐ 準備早餐（每天）
↓
☐ 吃早餐（每天）
↓
☐ 出門準備（平日）
↓
☐ 丟可燃垃圾（每週一）
↓
☐ 通勤（平日）
↓
☐ 到公司後檢查郵件（平日）
↓
☐ 晨會（每週一）
↓
☐ 檢查公文格（平日）
↓
……

CHAPTER 4　工作管理術 2　～TaskChtue～

同時，有增加企劃專案時，可以用在第 2 章「2-6 基本步驟 4 對企劃專案進行次級任務管理」（第 64 頁）提過的圖 8 方法來進行管理。

圖 8　企劃專案的管理法

【企劃專案】

企劃專案名：工作管理術
委託者：ASA出版

【任務】：寫稿
【期限】：20XX年10月30日（四）17時
發生日：20XX年06月01日（二）

【日曆】

10/30
ASA出版
工作管理術

【ToDo清單】

（寫稿）（重複任務）

| 20XX/06/01 | 06/02 | 06/03 | 06/04 | ……10/30 |
| 寫稿 | 寫稿 | 寫稿 | 寫稿 | ……寫稿 |

此時，只要將企劃專案的截止日先記錄在日曆上，然後進行企劃專案的任務時手動追加進今日的任務清單中即可。

統整一下到目前為止的內容，今日的任務清單就是由以下 5 個約定所構成的。

【顯示在今日的任務清單中的 5 個約定】
- 預定事項
- 企劃專案的任務（重複任務）
- 重複任務（企劃專案任務以外的任務）
- 單次任務
- 臨時委託

只要登錄好 5 個約定中的重複任務，隔天以後就會自動被登錄成為每日任務，同時只要在每次接受到預定事項、單次任務、臨時委託時，再做登錄就好。

設定分項

製作今日的任務清單時，有件事大家要注意。

那就是**分項**。

TaskChtue 中的分項就是所謂的時間帶。

TaskChtue 的概念是，將任務分配到每個時間帶，亦即分項中。

例如將一天作如下的分項區分。

【一天的分項範例】

04-07 起床時間	15-17 下午
07-09 吃早餐時間	17-19 傍晚
09-13 上午	19-22 吃晚餐時間
13-15 吃中餐時間	22-04 就寢時間

「起床時間」「吃早餐時間」「上午」等名稱本來是沒有必要加上的（本書中，為了容易想像才加上了名稱）。

　　分項頂多就像是分隔房間那樣，分隔方式會因人而異。

　　建議工作管理初學者所使用的方式，就是**以用餐時間帶為主來區分項目**。

　　用餐的時間帶長，基本上每天都會重複進行，所以很方便用來分項。

　　例如可以試著如下來活用分項。

【活用分項的流程】

① 設定好各早餐時間・中餐時間・晚餐時的時間帶

　　例）07-09：早餐時間、13-15：中餐時間、
　　　　19-22：晚餐時間

② 設定在①中設定的時間帶以外的分項

　　例）04-07：起床時間、09-13：上午、15-17：下午、
　　　　17-19：傍晚、22-04：就寢時間

③ 將所有任務分配至各分項中

　　例）準備早餐 [07-09]、吃早餐 [07-09]、早餐後的整理
　　　　[07-09] 等

　　若能照【活用分項的流程】去記錄，就會變成圖25那樣（酌情省略了任務）。

圖 25　分項使用範例

〈起床時間〉　　起床[04-07]
　　　　　　　　洗臉[04-07]

〈早餐時間〉　　準備早餐[07-09]
　　　　　　　　吃早餐[07-09]
　　　　　　　　出門準備[07-09]
　　　　　　　　通勤[07-09]

〈上午〉　　　　確認電子郵件[09-12]
　　　　　　　　晨會[09-12]

〈午餐時間〉　　準備午餐[12-13]
　　　　　　　　吃午餐[12-13]

〈下午〉　　　　確認電子郵件[13-17]
　　　　　　　　與客戶會面[13-17]

〈傍晚〉　　　　通勤[17-19]
　　　　　　　　購物[17-19]

〈晚餐時間〉　　準備晚餐[19-22]
　　　　　　　　吃晚餐[19-22]
　　　　　　　　洗澡[19-22]

〈就寢時間〉　　就寢準備[22-04]
　　　　　　　　睡覺[22-04]

※配合版面大小，酌情刪減。

分項有著「區分、部分、分類」等的意思，能判斷是否明顯有勉強配置的任務。

例如許多人都傾向於在 9 點到 12 點（上午）的 3 個小時內塞進如下的兩件事。

- 一定要做的工作
- 想做的事

可是連會面以及可認為是「明天早上再做就好」的其他事物也會放入上午。

只要統整好像是會面、企劃專案、任務還有檢查郵件等例行工作，在 3 小時的分項中，就能專注精神在要花上 6 小時的工作上，這種事其實並不罕見。

因此工作的調配調動就很必要，例如**將配置在分項 09-12（上午）的任務改移到分項 13-17（下午）。**

在各分項中的行動都要從容不迫

就經驗上來說，**只要在 3 小時的分項中配置要花 2 小時多的任務**，就能提高完成所有任務的可能性。

對於任務所需時間的估算，總之一般人大多容易想得太天真。

例如以為「應該會花 30 分鐘」的工作，大致上都不會

在 30 分鐘內結束。預估要花 30 分鐘左右的工作，則大多容易花到 40 分鐘左右。

因此，使用了 TaskChtue 後就會發現，每天的分項經常都會很多，又或是有一點一點滿出來的感覺。

現實是，我們會將要花 4 小時的任務配置在 3 小時的分項中、將 3 小時的任務配置在接下來的 2 個小時分項中、再將 3 小時的任務配置再下一個 2 小時的分項中。

可是請不要勉強或自責。

即便想著「為什麼這樣的工作要花 4 小時呢？」「只要縮短休息時間就能解決了」等，也無法解決問題。

放棄削減休息時間或是下定決心「總之就是要在 3 小時內結束」的勉強戰略吧。

相對的則是要先完成分項中尤其緊急的任務，將不得不往後延的任務移到下一個分項或是明天以後的任務清單，貫徹**踏實排序**。

4-5 關於「中途插進來」的委託

TaskChtue 是將現今正在做的事追加進 ToDo 清單中,並做為紀錄留存下來的基本中的基本。

也就是說,在執行任務時,若上司委派了其他的任務,只要將其他任務追加進 ToDo 清單中並實行就好。

要盡可能接受中途插進來的委託

例如在執行企劃專案「寫作工作管理術」的任務時,妻子委託我「如果下雨了就要把曬著的衣服收回來!」

把洗好的衣物收回來是很臨時的委託,而且是很緊急的任務,所以就要暫時中斷執行中的任務,像如下那樣重新製作 ToDo 單。

☑「寫作工作管理術」的任務(中斷)
▶ 收回晾曬的衣物(進行中)
☐「寫作工作管理術」的任務(下一個任務)

這麼一來,就能給人「這個人能快速接下臨時委託」的印象,達成工作管理的目的——「提高他人對自己的信任」。

當然，若是一整天都要埋首在重複任務中卻又不斷接到**臨時委託**，就無法完成所有的一天任務。

　　即便是這種時候，也要盡可能接下中途插進來的委託。

　　同時因為將中途插進來的委託追加進了 ToDo 清單中，就要將滿溢出的、可延後的任務移動到下個分項中，或是改放到明天以後的任務清單中，確實做出調整。

　　中途插進來的委託，對**「提高他人對自己的信任」**這個工作管理的目標來說，可說是能最早出現效果的幸運任務。

　　TaskChtue 能彈性應對中途插進來的任務，即便是在進行任務中有人委託了其他任務，也請滿臉帶笑，說著「我很樂意」地接下吧。

4-6 重讀一天的日誌吧

圖 26　某天的日誌

07：33	起床
07：51	散步
08：18	⚙️✂️🍅整理庭園
08：25	🐟青鱗魚的早晨照料
08：39	🚿淋浴
08：55	早晨咖啡
09：18	🍞🔪解凍麵包與奶油
09：19	早晨的打掃與清潔和室的戶外雨遮
09：21	深呼吸❶
09：25	設置Taskuma
09：28	煮開水
09：33	剪腳趾甲
09：41	準備早餐
10：03	🍅打蔬果汁
10：20	🍞吃早餐
11：10	📞電話
11：14	早晨裝扮
11：23	🚽上廁所
11：33	察看今日天氣☀️☁️與身體狀況
11：55	Tsukuma備忘錄❶
11：57	布置書房

142

12：01	更改樂天卡
12：06	每天的Evernote
13：02	享受工作！
13：14	通知線上講座
13：26	吃中餐
15：09	吃完中餐後刷牙
15：13	添加評論
15：17	與Unlimi以及Spotify解約
15：28	深呼吸❷
15：34	Taskuma備忘錄❷
15：36	寫家計簿
15：37	人怖*檢測
15：40	ASA出版寫稿
16：10	ZONO企劃
16：20	初校回稿
17：01	列印上一個月的支出
17：12	列印上一個月的收入
17：13	☕吃零食
18：13	🐟餵飼料給青鱂魚
18：14	⚙🔧🕐整理庭園
18：26	深呼吸❸
19：10	拉上走廊、房間窗戶的窗簾
19：13	備份Taskuma
19：21	洗澡
20：02	檢查Changes
20：03	擴大Changes
20：06	聯絡
20：38	Taskuma備忘錄❸
20：39	吃晚餐
22：51	整理桌子
22：52	🛏睡眠

*註：人怖，指因人為行為而導致自己身心受有壓力，出現恐懼情緒。

圖 26 的一日紀錄（日誌）橫跨了兩頁，那是用 TaskChtue 實際記錄下來的我最近的一天（話雖這麼說，但也有為了配合版面而刪減掉的任務）。

這分日誌代表著**在進行 TaskChtue**，是進行工作管理的一個目的。

重讀日誌是有意義的

可以在隨意的時間點重讀自己詳細記錄的日誌。
因為這麼做能確認以下三點。

【重讀日誌的理由】
1. 所有行動的價值都是最高的、是同等的
2. 自己完成了所有必要的行動
3. 具足完備一切約定以提供生活所需

【重讀日誌的理由】有三個理由，重看日誌為的不是要避免浪費時間，或是改善使用時間的方式。

許多人總認為紀錄可以避免沒效率又沒用的行動，能採取更有意義的生產行動。

可是我們所有人都沒有在進行沒效率又沒用的行動。

即便重讀過去幾年分的日誌，我們都沒有在進行能被**斷定為連一秒都是百分百浪費的行動**。

因人而異，或許有人會認為圖 26 日誌中的「青鱗魚的早晨照料」這個行動是「浪費時間」，但對我來說卻不是浪費時間。

同時，一整天中，我完成了對自己來說必須要做的所有行動。

而且在圖 26 的日誌中也明確顯示出具足了所有人類生存所必須的行動，包括用餐、排泄、工作、睡眠等。

自己有工作，而且能順利生活這件事，毫無疑問就是幸福的，希望大家多少能理解這點。不論是哪個瞬間的哪個任務，都要能充分體驗到它的價值。

以上就是工作管理之一的 TaskChtue，各位覺得如何呢？

透過記錄日誌，就能將正在進行中的任務可視化，像是「自己在一天中做了些什麼？」「重複進行的行動是什麼？」等。

那麼從第 5 章開始，就要來談談做為本書工作管理術最後的明日法則。

CHAPTER **5**

工作管理術3
〜明日法則〜

5-1 明天能做的事今天就不做

在第 5 章中,要來介紹馬克・福斯特(Mark Foster)所提出的明日法則。

與 GTD 或 TaskChtue 相比,在日本,這個法則或許沒那麼知名,而且也沒有專用的工具,但能運用 Outliner 跟 Todoist 等工具,是個進行起來能確實提升效果的方法。

明日法則這個工作管理術就是,**明天能做的事,今天就不要動手做**。

馬克・福斯特用很獨特的說法來表現工作管理術──「將今天這一天做為緩衝區空出來」。

這個想法是,在「今天」中盡量空出餘裕,打造出時間上的「空閒」。

不論是在 GTD 還是 TaskChtue 中都有類似於明日法則的發想。

可是,卻沒有像明日法則那樣強調明天能做的事,今天就不要去做。

尤其是接受到許多「儘早完成」的約定的人,試著稍微採取斷言「沒有什麼工作是到了明天就會成為困擾人的緊急案件」的馬克・福克斯的思考法吧。

儘管沒有進行任務,但因為空出了時間,就能獲得從匆忙中解放的神奇感。

決定好今日要做事項並降低難度

明日法則很推薦給有很多有截止期限企劃專案的人、工作量有點大,即便是單次任務,一次也最少要花上 4～5 天這類任務較多的人。

即便將任務改放到「明天再做清單」(GTD 中稱為明天以後的清單)也不會發生問題,如果會累積下其他任務,只要優先、專注地執行堆積下的其他任務就好(第 156 頁會詳細說明)。

反過來說,儘管有許多截止期限不一的企劃專案,卻總想著要盡早完成時,不僅進展狀況止步不前,心理上也總會處在被逼到窘境的狀態中。

若是內心感到窘迫卻還能順利進行任務就好,但大多時候都會無法處理任務,就這樣拖拖拉拉地過每一天。

然後直到被逼迫到連一天都無法再拖延下去的窘境,才會展現出乎意料的驚人力量,勉強趕上。

企劃專案愈是大型,到截止日前就愈是難以著手進行。

可是要在接近截止日臨頭前才完成大型企劃專案是非常困難的。

因此在距離截止日還有大段時間前就要一點一滴推進任務才是上策。

雖然有很多人都說：「要是能做到那樣就不會那麼辛苦了。」但之所以無法一點一滴推進任務，是因為只擁有「所有事都要盡早完成」這個戰略。

但是只要按以下流程進行，內心就能保持從容，那就是——**制訂低難度計畫「今天只要做這些！」**同時，若有了新約定，推到明天再做就好。

若內心能保持從容，就能面對各項任務，並一點一滴確實推進任務。

故意不要制訂優先順序

而且試著實踐「明天能做的事今天不要做」後，就一定會改變關於優先順序的想法。

因為**優先順序沒有意義**了。

或許有人會想「你到底在說什麼啊？」

在各種書籍、講座、教育現場等都有人會說：「優先順序很重要。」所以有人會感到驚訝也無可厚非。

在此讓我來說明一下優先順序沒有意義的原因。

若不先處理優先順序排前的工作,感覺會發生麻煩事,例如被截止日追著跑,或是把重要的事留到後頭才做,所以「排列優先順序」很有說服力。

　　可是,排列優先順序的方式會受到個人價值觀的影響。

　　例如認為緊急性高的工作應該優先的人,應該總是會先從緊急度高的工作開始進行。因此,緊急度較低的工作就經常會被往後延。

　　也就是說,忙碌的時候,即便有很多任務,只要任務的緊急度沒有升高,就不會著手去做緊急度低的任務,所以排列在 ToDo 清單上的任務就一直都不會減少。

　　因此我們可以刻意別去排列優先順序。

　　只要實踐明日法則,就能擺脫盡早完成或要排列優先順序這些想法。

　　話說回來,明天能做的事,從一開始就不會出現在**今日要做事項清單**上,所以就可以擺脫儘早處理工作,或是從優先順序較前的任務開始處理的做事方式。

5-2 限定今天要做的事

該如何才能做到「明天能做的事今天不做」呢?以下就來談談這點。

馬克・福斯特提出要使用「任務日誌」這個工具。

這也就是每天的日曆。

把今天要做事項清單當成基本

任務日誌的基本就是活用今日要做事項清單。形式上來說非常像第 4 章的 TaskChtue。

若要簡單說明兩者間有何不同,那麼 TaskChtue 就是以「現在正在做的事」的紀錄為首,與該累積紀錄相對,明日法則則是限定「今天要做的事」,以專注在一天的工作上為主題。

因此,明日法則必須要標示出表示今天 Today〔例如,「20XX-07-14(三)」〕的日期。

在 Today 中不斷將「今日要做事項」當成任務登錄進去。只要這樣做,雖然 GTD 等的 ToDo 清單沒變,但卻成了不能將「明天也能做的事項」放入「今日」的工具。

盡量將各種各樣的任務都登錄・移動到明天以後。這就是明日法則的意義。

在今日要做事項清單中，將只會有**昨天以前登錄・移動的任務，或是無論如何都要在今天以內動手做的任務**。

Outliner 就很適合用來維持這機制。Outliner 是能將 ToDo 清單統整成階層結構的工具。

使用 Outliner 能輕易移動「這是今天要做。那個是明天要做」等項目（Outliner 的詳細內容會在附錄的「小技巧 5. Outliner」中提到）。

任務日誌的寫法

在開始一天的工作之前，先從製作今日的任務日誌來開始吧。

寫法很簡單。

澈底將「明天以後再做也可以的事項」隔絕在外，只寫出「今日內一定要完成的事項」的今日要做事項清單。

如果可以，每天早上要在當天的任務日誌中寫下任務。

無法在當天結束的任務就移動到明天要做事項清單中（圖 27）。

圖 27 任務的移動

【今日要做事項清單】	【明天要做事項清單】
・準備所得申報	・檢查業務內容
・寫電子報	・回覆重要郵件
・決定開會日程 ──┐	・保存資料
・-------------- │	・更新資料模版
・-------------- │	・製作3月分營業額
・-------------- │	・製作4月分營業額
・-------------- │	・研修說明會
└──→	・決定開會日程

　也就是說，早上是製作任務日誌的階段，而在這階段中就已經有累積隔日分的任務了。

　今天內要做的任務，幾乎全都是昨天累積下來的任務。

　所以，**每天早上都要重新製作今天要做事項清單與明天要做事項清單這兩個 ToDo 清單**。

　而下班時，就將怎樣都無法完成的任務追加進明日要做清單中吧。

　總之就是把任務送交到明天再明天。因為「明天能做的事今天不做」就是明日法則的原則。

　將任務送交到明天再明天是**須要有判斷力**的。

　若只是隨便地將任務移送到明天，就會把必須要做的任

務往後推,或是放著重要的任務不管,那麼進行工作管理就沒有意義了。

因此**要養成習慣問問自己:「這件事放到明天再做真的沒問題嗎?」**

CHAPTER 5 工作管理術 3 ～明日法則～

5-3 利用兩個 ToDo 清單來弄清楚一天的約定

在第 4 章中，我已經告訴過大家，在我們的生活中，感覺幾乎是相同的重複行動（重複任務）占了大半。

這對明日法則來說，可說是稍微有點麻煩的事態。

因為每次都一定要將重複任務登錄在今日要做事項清單以及明日要做事項清單兩者中不可，除了很費時間精力，還會有做白工的感覺。

而且重複任務愈多，任務日誌就會因為重複任務而多到滿出來。

明日法則是在一天內準備好兩個 ToDo 清單

因此，明日法則中**除了任務日誌**，還須要**製作每日任務清單**（圖 28）。這兩者的名字很容易混淆，請注意。

【在明日法則中使用的兩個 ToDo 清單】
任務日誌：每天的內容都會有變化
每日任務清單：統整重複任務

圖 28　兩個 ToDo 清單

・任務日誌	・每日任務清單
☑ 電子報寫稿 ☑ 決定開會日程 ☑ 檢查業務內容 ☑ 回覆重要信件 ☐ 保存資料 ☐ 更新資料模版 ☐ 製作3月分的銷售額 ☐ 製作4月分的銷售額 ☐ 研修說明會	・檢查郵件 ・日報表 ・投稿部落格 ・重新啟動Wi-Fi的路由器 ・備份聯絡人資料

　　明日法則中必須要在一天內完成在任務日誌以及每日任務清單這兩個 ToDo 清單中的所有約定。

　　反過來說，**若能完成任務日誌以及每日任務清單這兩個的 ToDo 清單，就能完成今日的所有約定**。

　　如果沒能完成所有約定，就將剩下的約定移到明天要做事項清單中吧。

　　就像這樣，明日法則的最大特徵可說就是在一天的約定中拉出一條清楚的線，以能明確該怎麼做才算是結束任務。

用首要任務（First Task）來優先推進約定

明日法則的關鍵就是「明天能做的事今天不做」。

工作之所以沒有進展的最大一個原因單純就是「沒做」。

所謂的**首要任務**（First Task）說的就是，為了推進沒有進展的工作而使用任務日誌與每日任務清單，以優先著手的任務。

也就是說，在 ToDo 清單以外有某些任務是可以記載在 ToDo 清單上也可以不用記載的。

在整理、製作 ToDo 清單之前先處理首要任務吧。

馬克・福斯特說：「一天五分鐘也好。若只有五分鐘就無法找藉口了。因為沒有人在一天中連五分鐘時間都空不出來的。」

在思考任務是「要做・不做」「今天做・明天做」等之前有一項應該要處理的最優先事項，那就是首要任務。首要任務不須要是每天都做的同樣事情。

例如可以將容易延期的工作當成首要任務。為了考取證照而讀書這件事，則是在考試日前都可以當成是首要任務。

在意識到任務日誌以及每日任務清單之前，起床後什麼都不想就動手去做的就是首要任務。

5-4 使用封閉式清單

馬克・福斯特將 ToDo 清單區分為如下兩種。

- 開放式清單
- 封閉式清單

他稱一般性的 ToDo 清單為開放式清單。
因為只要想追加任務,追加多少都可以。

與開放式清單相反的是封閉式清單。
典型的就是持有物清單、任務檢測表、次級任務清單等的檢測清單。

明日法則中使用的是封閉式清單

馬克・福斯特說:「明日法則中,應該將一天的 ToDo 清單設為封閉式清單。」
也就是說,不可在今天要做事項清單中不斷追加任務。

因為封閉式清單的概念就是，應該要盡可能將任務放入明天要做事項清單中。

在要開始工作的早上，**若將今日要做事項清單設為封閉式的，原則上就不可以再追加進任務。**

這麼一來，就會像是使用持有物的檢測清單來做旅行準備那樣，能處理、結束一天的工作。

而且因為能明確知道要做到什麼地步才是結束一天的任務，就容易保有對工作的熱情。

像這樣的封閉式清單是個非常有用的方法。

可是要注意不要過於拘泥封閉式清單。

若是實際在公司工作，即便將今日要做事項設為封閉式清單，也會因為臨時委託而追加進工作，這樣的情況並不少見。

而且雖說是封閉式清單，視每天情況的不同也會發展成一長串的今日要做事項清單。雖說一長串的今日要做事項清單是封閉式的，但也不一定能順利進行。

不過，即便無法將今日要做事項清單設為封閉式，但若今日要做事項清單是過於開放式的，就會不斷追加進任務，於是就會將必須要做的任務往後延了。

那麼，至此我們已經談過了工作管理的基本以及著名的三大工作管理術。

基本上來說，各位可以從 GTD、TaskChute 以及明日法則中任選一個來實踐就好。

可是單只是這樣說明各工作管理術，應該很難活用在日常生活中吧。

因此在第 6 章中，我要來談談實際上該怎麼活用工作管理術比較好。

我會標示出推薦的工作管理術，具體來說像是「像這樣的工作可以用 GTD 喔」「以日程表為基礎的人用 TaskChute 比較好」等，所以請務必試試看適合自己的方法。

CHAPTER **6**

工作管理術　實踐篇
~你是哪種類型的？~

6-1 來活用工作管理術吧

　　一直到第 5 章我們都在談論工作管理的綜合內容以及三大工作管理術的相關。

　　各工作管理術都有優點，應該也有人很迷惑該選用哪一個吧。

　　因此最後，我將以以下三位的實踐例子來談談該怎麼具體活用目前為止介紹過的工作管理術。

【各工作管理術的實踐例子】
- 實踐例子① 　GTD……上班族　　　K 先生 30 多歲
- 實踐例子② 　TaskChute……教師　　D 先生 50 多歲
- 實踐例子③ 　明日法則……系統工程師 Y 先生 40 多歲

　　因性格、職場環境、工作方式的不同，適用的工作管理術也不同，請參考來選用適合自己的工作管理術。

6-2

實踐範例①

上班族 K先生 30多歲

`GTD`

因為同時進行5、6個企劃專案，會沒注意到工作進度、漏做了該做的任務，或是增加了失誤。

K先生會在筆記本上條列式寫出每天必須要做的事或是想做的事。K先生寫出的項目分散各處，連他自己都搞不懂哪個任務很重要，哪個任務必須早點完成。

因為這樣，總是會發生忘了將約定登記在日曆上，或是趕不上企劃專案任務的截止期限等事，導致K先生的信用度一落千丈。

照這樣下去情況將會變糟，於是K先生修正了自己的工作管理。

在GTD、TaskChute、明日法則這三者中，他選用了近似現今在使用的工作管理法——GTD。

日曆就用Google日曆，ToDo清單則用Todoist，準備好後他就立刻開始進行工作管理。

首先是進行GTD的第一步「將在意事項全部寫出」。

如圖29，將在意事項（事物）一一登錄在Todoist的收集箱中。

圖 29 登錄了事物的 Todoist 的收集箱

```
≡ ⌂ Q 搜尋                                          + ⊙ ? ↓ A

□ 收集箱           12      今日 四 4月21日
□ 今日             11      ○ 製作企劃專案A的企劃書（5月20日 ✐）      收集箱
□ 近日預定                 ○ 購買伴手禮                              收集箱
≡ 篩選＆標籤
  企劃專案                 ○ 調整企劃專案C的磋商日程                 收集箱
● 歡迎              5      ○ 準備個人面談                            收集箱
● 測試板材          3      ○ 製作週報                                收集箱
存檔的企劃專案             ○ 企劃專案D 想出設計                      收集箱
                           ○ 預約高爾夫                              收集箱
                           ○ 找尋接待用的商店                        收集箱
                           ○ ∞ 企業 製作契約書                       收集箱
                           ○ ▲▲ 企業 製作企劃書                      收集箱
                           ○ 公司內部會議（5月2日）                   收集箱
                           例：買伴手禮 明天下午6點 p1 #說明工作
                           表示
```

　　把事物全都登錄進收集箱後，接下來就要進行討論・整理事務。

　　寫出的事物有很多，所以要分為不同種類的約定，在日記與 ToDo 清單中（這次的 Todoist）做登錄・修正。

【約定的種類】
預定事項：有設定時日的約定
企劃專案的期限：有定下截止時日（後天以後）的約定期限
企劃專案的任務：有定下截止時日（後天以後）的約定任務
任務：有設定好時間的約定

將事物分類到各約定中時，針對每一個事物都要問問自己：「這是什麼？」

【將收集箱內的事物分配到各約定中】
・製作企劃專案 A 的企劃書（5 月 20 日〆）
　→企劃專案的任務→ ToDo 清單
・購買伴手禮（5 月 26 日前）
　→任務→ ToDo 清單
・收集企劃專案 B 的資料（5 月底〆）
　→企劃專案的任務→ ToDo 清單
・準備個人面談（5 月 17 日 14 時）
　→任務→ ToDo 清單
・製作週報（每星期一）→任務→ ToDo 清單
・企劃專案 D 想出設計
　→企劃專案的任務→ ToDo 清單
・預約高爾夫→任務→ ToDo 清單
・找尋接待用的商店→任務→ ToDo 清單
・○○企業 製作契約書→任務→ ToDo 清單
・▲▲企業 製作企劃書→任務→ ToDo 清單
・公司內部會議（5 月 2 日 15 時）@第 1 會議室
　→預定→日記

做到這地步時就是在製作今日清單。

使用今日清單來管理的項目則是預定事項、企劃專案與任務。

尤其是在分配任務時，要將企劃專案的任務（重複任務）以及絕對要在今天動手去做的任務這兩者登錄在今日清單上。

若今天是 5 月 2 日，今日清單將會如下。

【今日清單（5 月 2 日）】
☐ 調整企劃專案 C 的磋商日程
☐ 企劃專案 D 想出設計
☐ ○○企業 製作契約書
☐ 15：00 公司內部會議＠第 1 會議室
☐ 製作企劃專案 A 的企劃書（5 月 20 日〆）
☐ 收集企劃專案 B 的資料（5 月底〆）

若能做到這樣，接下來只要執行就好。

K 先生有著會將時間花在一個任務上的傾向，所以配合工作管理術的 GTD，也活用了番茄工作法（詳細會在附錄的「小技巧 7・番茄工作法」中做介紹）。

因為透過今日清單而完成了約定，除了能減少遺漏約定，也能每天一點一滴地進行企劃專案的任務，就不會被截止期限追著跑了。

開始利用 GTD 進行工作管理後，只要產生了新的約定，每一次都要追加進收集箱中，並分配到各清單裡，只要這樣做就夠了。

6-3 實踐範例②

教師 D先生 50多歲

`Task Chute`

因為主要的業務都是按著時間依序進行，就必須在空閒時間中進行次級業務。

D先生是教師，幾乎每一天的日程表都是固定的。

乍看之下要進行工作管理很輕鬆，但很多時候主業務都必須按日程表來應對，所以無法通融。

因此就會累積下次級業務，或是必須去應對被人丟過來的臨時業務，處在每天都不知道在做些什麼事的狀況下。

因此，D先生將自己一天的狀況可視化，同時，為了能有效完成約定，他決定要來活用TaskChute。

首先，D先生現正進行的就是將「數學 授課準備」當成任務登錄下來。此時也要一併記錄09：00這個「開始時間」（圖30）。

「數學 授課準備」結束後，在進行下一個任務「移動去2-A」前要登錄09：50這個「結束時間」。

圖 30 開始任務「數學 授課準備」

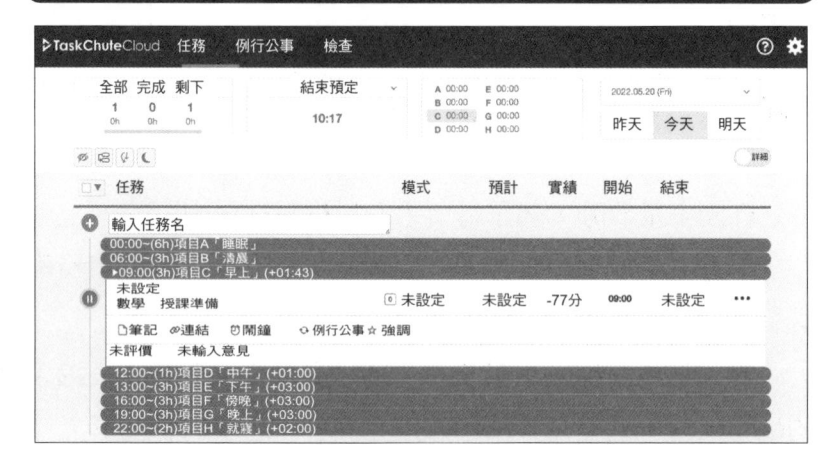

登錄「移動到 2-A」時，若是在「開始時間」選擇了「前面一個任務的結束時間」，前一個任務的結束時間就會被自動輸入進去，所以 D 先生就決定要活用這個功能。

「移動到 2-A」的任務結束後，就登錄「結束時間」，然後開始下一個任務「數學 授課」（圖 31）。

開始 TaskChute 的第一天，D 先生就像這樣，每一次都會登錄當天一天的任務與「開始時間」「結束時間」。

結束授課、指導社團活動以及業務、雜務回家後也會持續登錄任務。

歷經「回家」「吃晚餐」「洗澡」「就寢準備」等後，就開始「就寢」，上床睡覺。

圖 31　開始任務「數學　授課」

任務	模式	預計	實績	開始	結束
00:00~(6h)項目A「睡眠」					
06:00~(3h)項目B「清晨」					
▶09:00(3h)項目C「早上」(+01:43)					
數學　授課準備 （未設定）	① 未設定	未設定	50分	09:00	09:50
移動到2-A （未設定）	① 未設定	未設定	10分	09:50	10:00
數學　授課 （未設定）	⑧ 未設定	未設定	-19分	10:00	未設定

□筆記　⊘連結　⏰鬧鐘　○例行公事　☆強調

未評價　未輸入意見

12:00~(1h)項目D「中午」(+01:00)
13:00~(3h)項目E「下午」(+03:00)
16:00~(3h)項目F「傍晚」(+03:00)
19:00~(3h)項目G「晚上」(+03:00)

全部 完成 剩下
3　2　1
1h　1h　0h

結束預定
10:19

2022.05.20 (Fri)
昨天　今天　明天

圖 32　TaskChute 第二天
　　　開始任務「起床」

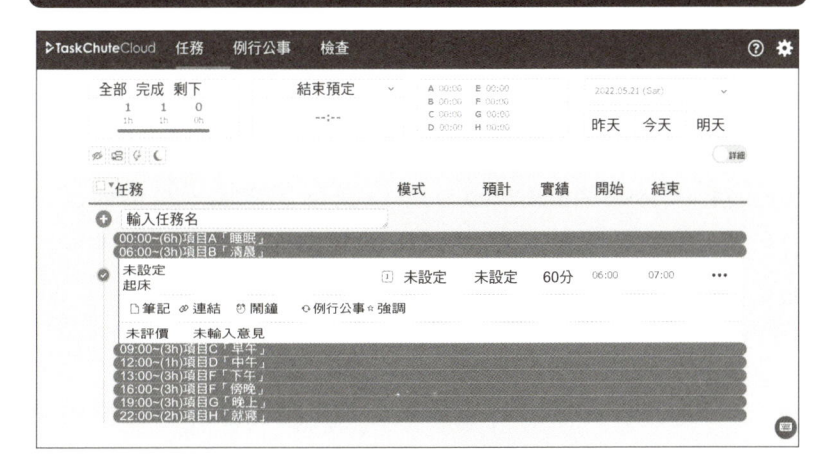

任務	模式	預計	實績	開始	結束
00:00~(6h)項目A「睡眠」					
06:00~(3h)項目B「清晨」					
起床 （未設定）	① 未設定	未設定	60分	06:00	07:00

□筆記　⊘連結　⏰鬧鐘　○例行公事　☆強調

未評價　未輸入意見

09:00~(3h)項目C「早午」
12:00~(1h)項目D「中午」
13:00~(3h)項目F「下午」
16:00~(3h)項目F「傍晚」
19:00~(3h)項目G「晚上」
22:00~(2h)項目H「就寢」

全部 完成 剩下
1　1　0
1h　1h　0h

結束預定
--:--

2022.05.21 (Sat)
昨天　今天　明天

CHAPTER 6　工作管理術　實踐篇　你是哪種類型的？

171

隔天早上，一睜開眼首先就是啟動 TaskChuteCloud，結束任務的「就寢」，開始「起床」，接著進入到「早晨的準備」（圖 32）。

　此外，D 先生在登錄任務時，也同時設定了「例行公事化」（圖 33）。
　每天、每星期、隔週等會重複進行的任務，在登錄進 TaskChute 的時間點將之例行公事化後，之後就會自動地將之當成任務登錄，所以非常方便。
　例如「數學　授課準備」是會重複在每星期的同一天的同一個時間內進行，所以會將之登錄成重複任務。

　這麼一來，因為重複進行的事會被視為任務，就能減少每次都要登錄相同任務的手續，同時也能做好時間調整且不會忘記任務，一整天下來就能從容不迫地去進行任務。

　另外在 TaskChute 中有關於「項目」這個時間帶的區分（圖 34）。TaskChuteCloud 中，預設有「睡眠」及「清晨」等的「項目」。「項目」部分是，建議習慣了後就將之改變成符合自己行事的時刻。

　如此一來，因為 D 先生將一天的流程以及自己使用時間的方式都視覺化了，就能更有效率且確實地執行任務。

圖 33　例行事務的設定

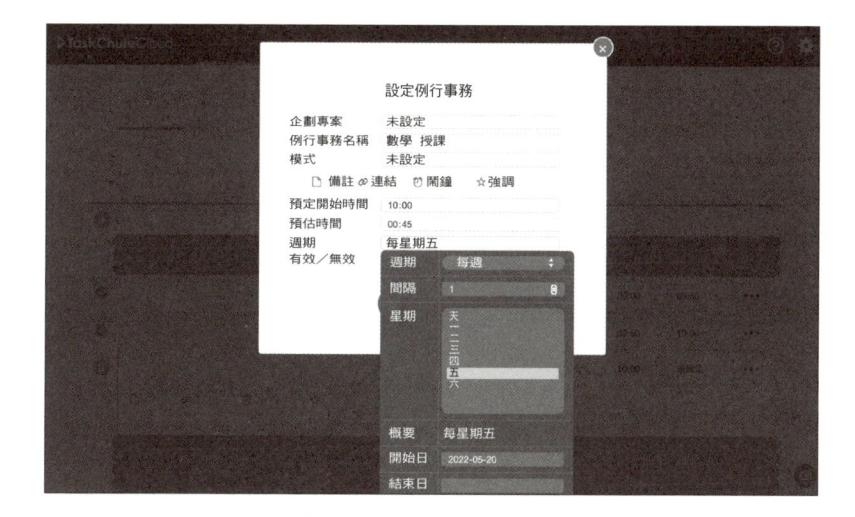

圖 34　分項例子

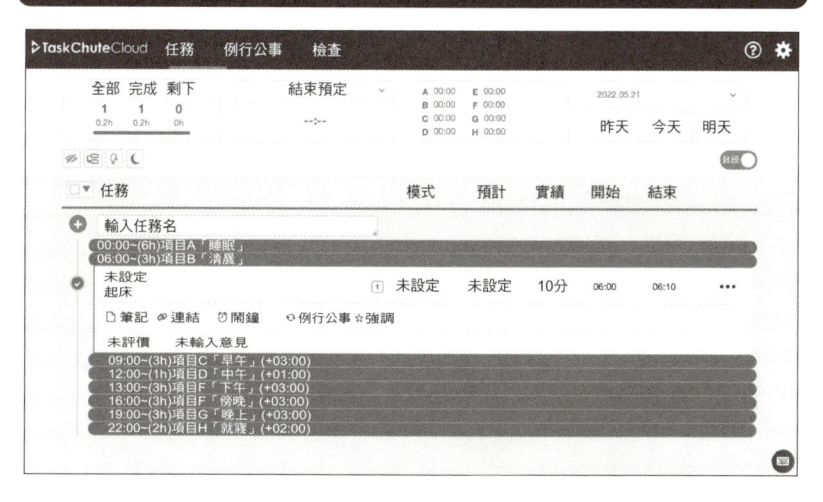

6-4 實踐範例③ 系統工程師

明日法則

Y 先生　40 多歲

要做的事情總是很多，必須詳查「今日應做事項」並一一執行。

Y 先生是系統工程師，負責事項很多，還有像是檢查、偵錯系統等瑣碎的任務，處於應做事項非常多的狀態。

所以他很擔心是否會有遺漏的約定，而且對於任務時間的預估也過於樂觀，實際上經常都為應對雙重預定等狀況追著跑，不僅降低了別人對他的信任，還幾乎每天都加班。

結果，他工作的生產性就降低了。

Y 先生覺悟到，若照這樣下去，工作將會沒完沒了，根本無法準時下班回家，於是開始進行工作管理。

對於像 Y 先生那樣該做事項有很多的人，要思考的不是「今天應該做些什麼呢？」而是適合利用明日法則的思考法——「不是今天應做的約定就推到明天之後再做」來進行工作管理。

Y 先生也毫不猶豫地就選用了這個方法。

Y 先生下載了 Outliner 的 APP，開始製作任務日誌。

【應做事項】
- ○○公司　系統檢測
- ▲△公司　偵錯
- ▲△公司　維修
- ●●公司　偵錯
- ●●公司　開會
- ▲▲公司　系統檢測
- ◇◆公司　偵錯
- ◇◆公司　維修
- ◆◆公司　系統檢測
- ★☆公司　偵錯
- ★☆公司　開會
- □□公司　系統檢測
- □□公司　維修
- ★★公司　系統檢測
- △△公司　系統檢測
- △△公司　開會

首先將【應做事項】全都登錄到 Outliner 上，排除「明天再做也可以的事」。

接著只要在任務日誌的「今日要做清單」中留下「應在今天完成的事項」。將其他任務全都分配到任務日誌的「明天要做事項清單」中。

同時將重複任務統整到每日任務清單中。

【任務日誌（今天要做事項清單）】
・○○公司　系統檢測
・●●公司　偵錯
・★☆公司　開會
－ STOP －

【每日任務清單】
・○○公司　系統檢測
・▲▲公司　系統檢測
・□□公司　維修
・△△公司　系統檢測

盡可能將許多約定都移動到明天以後的任務日誌中，並且只分配好「今日內一定要完成的事項」後，Y 先生就很清楚一天的約定中「絕對要做的事項」有哪些。

最後，因為清楚知道該怎麼做才能結束工作，工作沒完

沒了的情況就再不復見了。

【應做事項@ Outliner】
- ○○公司　系統檢測→重複任務
- ▲△公司　偵錯→明天要做事項清單
- ▲△公司　維修→明天要做事項清單
- ●●公司　偵錯→今天要做事項清單
- ●●公司　開會→明天要做事項清單
- ▲▲公司　系統檢測→重複任務
- ◇◆公司　偵錯→明天要做事項清單
- ◇◆公司　維修→明天要做事項清單
- ◆◆公司　系統檢測→明天要做事項清單
- ★☆公司　偵錯→明天要做事項清單
- ★☆公司　開會→今天要做事項清單
- □□公司　系統檢測→明天要做事項清單
- □□公司　維修→重複任務
- ★★公司　系統檢測→明天要做事項清單
- △△公司　系統檢測→重複任務
- △△公司　開會→明天要做事項清單
　……

圖35　發生臨時委託前後的今日要做事項清單

發生臨時委託前

【任務日誌（今天要做事項清單）】
・○○公司　　系統檢測
・●●公司　　偵錯
・★☆公司　　開會
―STOP―

發生臨時委託後

【任務日誌（今天要做事項清單）】
・○○公司　　系統檢測
・~~●●公司~~　　~~偵錯~~
・臨時委託
・★☆公司　　開會
―STOP―

　　Y先生開始利用明日法則進行工作管理數日後，某天突然接到截止期限為當天的臨時委託。

　　基本來說，一旦決定好了今日的任務日誌，就絕不可以再追加任務，但臨時委託是例外。Y先生立刻修正了今天要做事項清單，重新思考是否有任務可以轉移到明天以後。

　　因為確實有任務可以轉移到明天之後再做，Y先生就將臨時委託加進今天要做事項清單中，並進行了任務（圖35）。

最後他不僅順利完成臨時委託，也完成了列在任務日誌與每日任務清單中的所有任務，能夠準時下班回家。

　Y先生要做的事有很多，因為沒能巧妙進行工作管理，導致生產性低落，但藉由活用明日法則，不僅提升了生產性，也能確實完成任務，因而又再度取回了別人對他的信任。

　到此，我們介紹了3個人的事例。

　所有的工作管理術都是很優秀的方法，能打破難以完成工作的狀況。

　可是若不是適合自己的方法或不是適合工作狀況的方法，就無法期待能獲得好效果，而且有時還會變成是難以做到的工作管理。

　請以此次介紹到的3人的性格與狀況等為參考，試著開始選擇適合你性格與狀況的工作管理吧。

　除了能確實提升成果，還能早些完成工作，讓工作與生活都變得充實。

附錄

用於工作管理的小技巧集

工作管理發揮功用時

一直到第 5 章，我們都在談論關於對工作管理的誤解、工作管理的意義以及主要的工作管理術，到了第 6 章中，則是講述了關於活用各工作管理術的方法。

在此我們稍微來統整一下此前的內容吧。

讓工作管理即刻發揮功用

工作管理術是做為輔助工作來發揮功用的方法論。

所有人使用起來都能立刻發揮功用的工作管理術是有共通點的。

【能立刻發揮功用的工作管理術共通點】
1 將基本的 ToDo 清單統整為一個
2 ToDo 清單上只有該做事項
3 留意期限

首先，第一個「**將基本的 ToDo 清單統整為一個**」指的就是資訊集中化的意思。

不過,發生工作時寫入預定事項以及任務的工具、開始工作前參照的工具、確認工作是否完成的工具應該要統整為一個。

接到委託的工作時,要將任務寫入手邊的記事本中,進行任務時要檢查數位工具的提醒事項,同時要像確認郵件的做法那樣,確認是否有完成了任務,若是分散使用不同工具來確認任務進行的狀況,將會很難確認哪個任務是還沒完成、哪個任務是完成了的。

這麼一來,進行工作管理就沒有意義了。

第二個「ToDo **清單上只有該做事項**」指的是只要看 ToDo 清單,就能找到該做的事,所以必須維持在 ToDo 清單上都是必做事項的狀態。

單只是執行‧整理必做事項就要花費不少時間。更不用說,最好要去做的事有無限多。

最後的**「留意期限」**也很重要。

在第 4 章中的 TaskChute 以及第 5 章的明日法則中,只要有著「今日清單」或「今天要做事項清單」這類 ToDo 清單,就必須在應該要做的日子裡記載應該要做的事。

也許有人會覺得第 3 章的 GTD 對於期限的關注不是很清楚,但若是發生了有決定好期限的預定事項或企劃專案,

就要馬上在日曆上記錄預定日期以及截止日期,所以可說是有在留意期限的。

此外,【能立刻發揮功用的工作管理術共通點】同時有三個重點是不可或缺的。
已經在進行工作管理的人,請立刻修正這三個重點。

・你的工作管理工具是否有統整為一個?
・ToDo 清單上的項目是否只有絕對要做的事?
・是否有在思考預定事項及截止期限等的日期?

只要少了一個重點,可以說就無法順利進行工作管理。
馬上重新再看一遍、修正欠缺的重點,進化成是能立刻發揮功用的工作管理術吧。

統整了此前的內容後,以下要介紹給大家的附錄是——推薦給正在進行工作管理術的人的使用法,以及有助於進行工作管理的小技巧。

【有助於工作管理的小技巧】
1. 整理提醒通知
2. Board View（看板檢視）
3. 列表形式與看板形式
4. 活用執行完成的任務
5. Outliner
6. 二分法
7. 番茄工作法
8. 365 式整理術
9. 43 文件夾（43 folders）

　　【有助管理任務的小技巧】中的九個小技巧，能輔助每天的工作管理。
　　那麼我們就快點從第一個「整理提醒通知」來進行說明。

小技巧1 **整理提醒通知**

　　提醒通知是一個非常現代化又便利的功能，是手機的 APP 等會在預定事項、截止日期、下車站等必要時間點以振動或音樂來告知我們。

　　提醒通知是非常方便的功能，但若不能巧妙使用，則會反過來成為很不方便的功能。

　　因此為了能方便使用提醒通知，首先要以如下的步驟只留下必要的通知資訊。

【整理提醒通知的方法】
1. 關掉所有提醒通知
2. 只使用要是沒收到會很困擾的提醒通知

　　首先，關閉所有提醒通知。
　　接著只要開啟要是沒收到提醒通知會感到困擾的 APP。
　　此時也有一天內不會使用到的 APP，所以判斷提醒通知的有無可以三天左右為期。
　　像這樣，依照【整理提醒通知的方法】的 1 與 2 的步驟來整理提醒通知後，提醒通知功能就會變得大為方便使用。

圖 A　整理好提醒通知的狀態

因為這樣一來，不須要的通知或新資訊等的噪音就會消失了。

　　APP上表示提醒通知的標記數也會只有1個或3個，數字上就收束到了能立刻確認的地步。

　　要能便利使用提醒通知的功能，就別再放著覺得「不需要！」的通知不管了。

　　搜尋必須的提醒通知很費時費力，所以就像步驟2那樣，先關閉所有提醒通知，只開啟必要的提醒通知才是上策。

小技巧2　**Board View**
（看板檢視）

　　看一下圖 B 就會知道 Board View（看板檢視）是什麼，這個工具所使用的觀點就是能俯瞰任務整體，在瞬間以感覺來掌握所有任務。

　　Board View 也有缺點，但因為比較簡單，推薦給工作管理的新手或是覺得工作管理很難的人。

　　利用 Board View 能夠進行簡易的工作管理。

　　如圖 B 那樣，只要準備以下三行位 * 就好。

※在 Todoist中是指欄位。

【Board View 中所使用的三行】
1　未實行
2　擱置
3　執行完畢

　　首先是將想到的手上任務放進「未實行」那行中，將結束的任務移動到「執行完畢」那行中。

　　接著，隨時都要將最優先的任務放在最上面。

圖B　Board View 的例子

※本書中式使用了Todoist的Board View

```
收集箱

未實行3              執行完畢2              擱置2
○ ASA出版寫稿        ○ 討論一個月課程的內容   ○ 購買充電器
○ 書寫「快樂工作！」   ○ 預約學校的面談日     ○ 用Kanagawa Pay支付
○ 100天挑戰的通知文   + 追加任務            + 追加任務
+ 追加任務
```

　　放入「未實行」一行中的任務若是難以著手進行的就移到「擱置」一行中。

　　執行過的任務可以不用再做了，就移動並留在「執行完畢」一行中。

　　Board View 並不適合設定重複任務或是截止期限，也不適合用來按企劃專案分類。

　　重複任務必須每次都用手動登錄到新任務中，所以或許會讓人覺得很費工。

　　可是在剛開始工作管理時，這是非常方便使用的好方法，請試著用一次看看。

| 小技巧3 | **Board 列表形式與看板形式**

圖C　Outliner 的 ToDo 清單（列表形式）

●今天（今天要做事項清單）
- 出門買午餐
- 寫書籍草稿
- 設置書房
- Podcast
- 照顧青鱂魚
- 寫電子書的稿件
- 開會準備
- 備份資料

●明天（明天以後要做事項清單）
- 評分
- 開會
- 檢查note的規格
- 檢查APP Qisa
- 向麵包店預約

●後天以後（明天以後要做事項清單）
- 去醫院檢查肝炎
- 將書籍電子化並整理書房

圖 C 是出自 Outliner（詳細會在第 197 頁做介紹）工作管理的 ToDo 清單。

利用「今天」「明天」「後天以後」來分類任務而製成。

因為是 Outliner，若是任務沒有完結，或是想改變任務日期時，都可以隨意移動任務。

用明日法則來管理工作時，就會變成使用 Outliner 的圖 D 那樣的方類法。

此時若可以，請空下「今天要做清單」的空間。

圖 D　明日法則中的 Outliner 範例（看板形式）

今天要做事項清單	明天以後要做事項清單	後天以後要做事項清單
・出門買午餐 ・寫書籍草稿 ・設置書房 ・Podcast ・照顧青鏘魚 ・寫電子書的稿件 ・開會準備 ・備份資料	・評分 ・開會 ・檢查note的規格 ・檢查APP Qisa ・向麵包店預約	・去醫院檢查肝炎 ・將書籍電子化並整理書房

因為這麼一來，不僅能減少心理上的負擔，也能想成是「今天一整天就是要將時間用在今天內一定要做的事情上」。

此外，將工作管理的 ToDo 清單改換成是看板形式而非列表形式，就能像圖 D 那樣，看起來一目了然。

當然，即便是看板形式，也能用拖放的形式來自由移動任務。

那麼我們來看一下圖 C 與圖 D 的對比，或許看法會大不相同。

圖 C 與圖 D 的形式雖不同，一個是列表形式、一個是看板形式，但任務內容則完全相同。

試著使用列表形式與看板形式這兩種形式找出哪種形式對自己來說是容易使用的後，就能有助工作管理。

順帶一提，有一個 APP 叫 WorkFlowy 很方便，能提供用一鍵式操作來切換列表形式與看板形式的服務。

WorkFlowy 可以免費使用，可以試著將之當成 Outliner 的工具來使用。

小技巧4　活用執行完成的任務
（ToDo 清單）

我們一般是將 ToDo 清單想成是列出**接下來要做的事**。

排列在 ToDo 清單中的項目是接下來要做的事，所以檢測箱就只會有未實行、沒打勾的「□」。

可是雖說是「接下來要做的事」，很多時候也可說都是日常就沒在做的事項集合。

因此今後著手去做的可能性很低，若是使用這個方法，大多數結果都是會繼續留下沒有打勾的「□」，永遠都是連一個勾都沒有就捨棄了 ToDo 清單。

在第 4 章和第 5 章中介紹過的 TaskChute 和明日法則，之所以會將一定要做的事以及總是會重複進行的事加入 ToDo 清單中，是為了盡可能消除 ToDo 清單與現實行動間的不一致，所以首先要避免沒有活用到 ToDo 清單。

也就是說 ToDo 清單是行動紀錄。

如果覺得一下子要將 ToDo 清單＝行動紀錄的難度很高，至少請試試以下的方法。

圖 E　記錄下已經執行過任務的 ToDo 清單

```
7.  ☑ 任務截止時間
8.  ☑ 預定結束時刻
9.  ☑ 單一任務
10. ☑ 立刻去做
11. ☑ 做為速寫用的甘特圖表
12. ☑ 規格化
13. ☐ 手上的任務
14. ☐ 43文件夾
15. ☐ 文件的全檔案法
16. ☐ 日曆的層次
17. ☐ 無紙化
18. ☐ 整理通知提醒
19. ☐ 日期時間的八行管理
```

　　那就是在製作 ToDo 清單之前，條列出此前執行過的兩個或三個任務，馬上在那個任務的檢測格「☐」中打勾。

　　「現今」「現在」不是突然開始的。
　　現在開始要執行的任務是累積在此前執行過的許多任務之上的。
　　例如接下來想要進行 GTD，或是開始寫出在意事項到開始執行前應該會有些經過。

無視進行任務的原委而製作 ToDo 清單，此前任務與今後任務間的鴻溝就會變得過大。

　人是不會突然改變的，所以若是從一開始就想將 ToDo 清單做成行動紀錄，最後就不能將列在 ToDo 清單中沒打勾的未執行任務當成一個任務來執行，於是就不會去做工作管理了。

小技巧5　**Outliner**

　　Outliner 是能製作 Outline 的服務。建議使用的 APP 為 Dynalist。

　　Outliner 的意思有「概要、重點、輪廓」等，是能顯示階層關係去做配置的列表，所以是一種樹狀結構。

　　基本功能是如下那樣，能配合項目程度縮排文字。

- **大項目**
  └中項目
　　└小項目

　　縮排的構造也可以活用來進行工作管理。

　　例如可以將大項目做為企劃專案，將與企劃專案有關的各種任務放到下一層的中項目，將自任務再放到下一層的小項目中。

- **企劃專案 A**
  └製作企劃書
　　└收集資料
　　　　└調查

└發表會的準備
　　　└製作資料
　　　　└統計問卷結果

　　其他還有也可以像是如圖 F 那樣，將原稿目次當成中項目或小項目，將各項目如任務那樣完成。

・**工作管理術**
　　└ CHAPTER1
　　　└ 1-1　＊＊＊
　　　└ 1-2　＊＊＊
　　　└ 1-3　＊＊＊
　　└ CHAPTER2
　　　└ 2-1　＊＊＊
　　　└ 2-2　＊＊＊

　　Outliner 本身並不是工作管理的工具，Outliner 的許多 APP 都能在網頁流瀏覽器上使用。
　　也就是說 Outliner 一開始就被設計成能進行工作管理。

圖 F　ASA 出版「工作管理術」的工作範例

- ◉工作管理
- ◉筆記
- ◉主標草稿
- ◉①~~為什麼需要工作管理術？20P以上2X10？~~
- ◉②~~工作管理的基礎（10個項目・40P以上）32P~~
- ●③~~GTD　10項目　40~~
- ◉④~~TaskChute　10項目　40~~
- ●⑤~~明日法則　10項目　32~~
- ●⑥生活妙招集（20）40
    1. ~~Outliner~~
    2. 用作速寫的甘特圖表
    3. 43文件夾
    4. 文件的全檔案法
    5. 番茄工作法
    6. 日曆的分層
    7. Evernote
    8. 無紙化
    9. ~~活頁夾~~
- ☰ 10.規格化

※圖F是利用了Dynalist這個服務。

同時，像圖 G，在結束項目上劃上刪除線也很容易。

又或者說，可以只在指定的 ToDo 清單上自動標號「1、2、3……」。

除卻標號，也可以在前面加上檢測框格「□」。

希望盡可能將 ToDo 清單統一化的人還有個選項是可以使用能在網路瀏覽器上利用的 Outliner 的 APP。

若是在第 3 章中介紹到的 GTD，從寫出在意事項，到分類、執行、每週複查，只要想做，幾乎就能用一個 Outliner 辦到。

不過因為沒有附日曆，只有預定事項的管理要一併利用其他工具。

此外，在第 5 章中介紹到的明日法則也幾乎可以利用 Outliner 執行。

工作日誌、每日工作列表在 Outliner 上也全都有準備好。從今天要做事項列表到明天要做事項列表的分類也能憑直覺操作。

雖然 Outliner 的 APP 幾乎都是免費的，卻具備了充足且豐富的功能，而且容易進行項目的轉移，所以所有人都能立刻使用。

圖G　ASA出版「工作管理術」項目草案

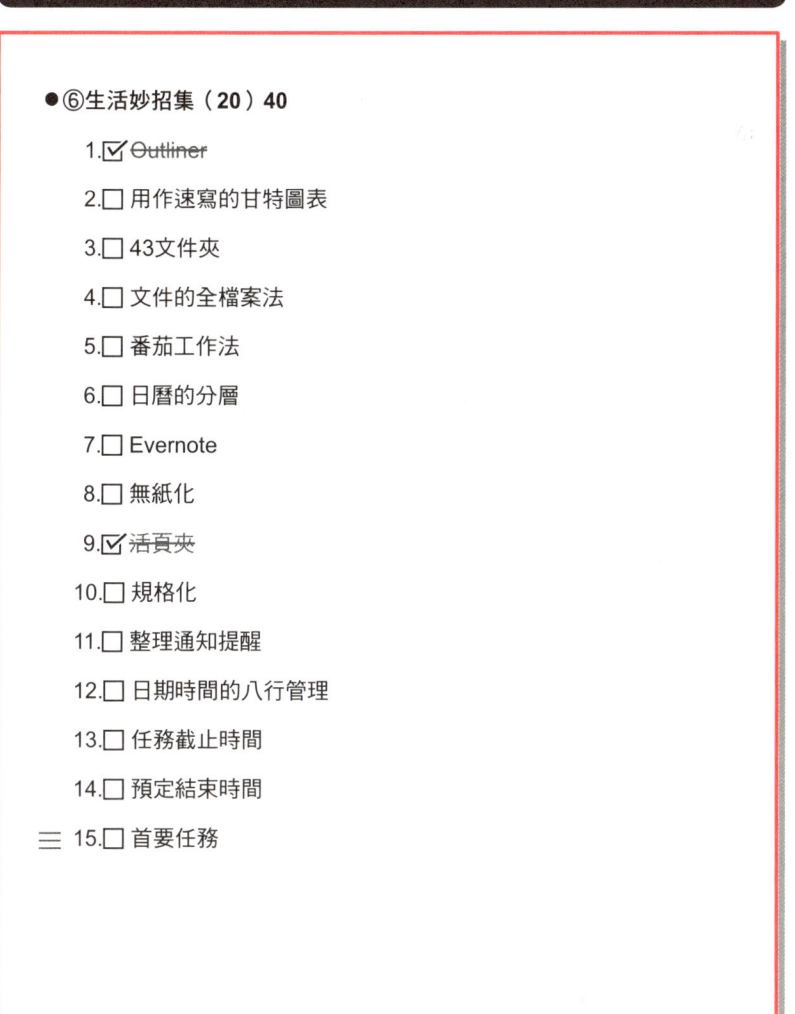

- ⑥生活妙招集（20）40
    1. ☑ ~~Outliner~~
    2. ☐ 用作速寫的甘特圖表
    3. ☐ 43文件夾
    4. ☐ 文件的全檔案法
    5. ☐ 番茄工作法
    6. ☐ 日曆的分層
    7. ☐ Evernote
    8. ☐ 無紙化
    9. ☑ ~~活頁夾~~
    10. ☐ 規格化
    11. ☐ 整理通知提醒
    12. ☐ 日期時間的八行管理
    13. ☐ 任務截止時間
    14. ☐ 預定結束時間
    ☰ 15. ☐ 首要任務

201

小技巧6　二分法

我們經常會聽人說「要分解過大的任務」是工作術的方法論。

可是該怎麼分解過大的任務呢？

二分法正如其名，是將大任務**二等分**，這個想法是，若有必要，只要將任務平分，自然就能看見一開始的突破口。

這就如同將大張的紙分成兩分，再將這兩張紙又各分成兩張，以此步驟，重複直到合適的大小。

不過，工作管理術中完全不須要縝密地去思考二等分。

雖表示為平分，實際上是**差不多相等而已**，所以只要恰當分配就好。

此外，因為不是用物理性的分解，只要用概念性分解就夠了。**大小**也不一定非要縮小不可。

只要透過分割任務能讓自己覺得容易著手進行，或是能著手進行就好。

P203

具體來說，可以使用 Outliner 來區分階層。
例如準備發表會時，可以像下面這樣做。

準備發表會
└準備發表會的資料（１／２）
　└製作發表會的幻燈片（１／４）
　　└製作發表會的大綱（１／８）
　　　└製作第一張幻燈片（１／16）

　如上圖那樣，重複將大任務分成一半、再分成一半，本是難以著手進行的「準備發表會」這個大任務，就能變成「只要製作第一張幻燈片就好」的小任務。
　二分法絕非嶄新的方法，但在覺得不得不做的任務很大又難以著手時，請務必試試看。比起被龐大任務的牆壁擋住而什麼都不去做，只是焦慮不已的放著不管，這樣的方法能讓任務大有進展。
　也可以分成像是１／６或１／32等大小這樣只有一點點的任務，所以透過養成「今天只要做這些就好」的習慣，就能完成大型的企劃專案。

小技巧7 **番茄工作法**

番茄工作法是非常簡單的方法。

因為只有專注 20 分鐘在工作上,之後休息 5 分鐘而已。

將「25 分鐘 +5 分鐘」的套組當成一個番茄(1 番茄),之後記錄一天內做了「多少番茄」。

若是重複番茄工作法 4 次就是共休息了 15～20 分鐘。

1 番茄是「工作時間 25 分 + 休息時間 5 分」總計 30 分鐘,所以若是經過 2 小時(4 番茄),就是休息了 15～20 分左右。

因此,若是一天工作 8 小時,除卻 2 小時長的休息時間,算一算可以至少有 16 個番茄(8 小時)。

或許有人會想:「有 16 個番茄這麼多啊。」但實際上去做了之後會發現,一天能做到 16 個番茄的人簡直是超人。

別說一天做 16 個番茄,一天做 10 個番茄(5 小時)應該就會感到很疲憊了。

大腦與身體平常並沒有那麼專注在工作上,所以這麼做之後會感到非常疲憊。

圖 H　番茄工作法的流程

| …… | 25分 | 5分 | 25分 | 5分 | 25分 | 5分 | …… |
| …… | 1番茄 | | 1番茄 | | 1番茄 | | …… |

　　此外，我們完全可以在番茄工作法中的 25 分工作時間內做些什麼。

　　工作管理術總之就是將重點放在「做了那個之後做這個」的進行順序或路線圖上，與之相對，番茄工作法則是**重視專注工作本身**。

　　這個想法與在第 3 章以及第 4 章中介紹過的 GTD 以及 TaskChute 的目標有許多共通點。

　　因為番茄工作法也有「保有隨時都能專注的心境」「只進行現在正在做的工作」的意思。

　　也就是說，要處在能專注在應該專注的事物上的狀態。

　　番茄工作法只要有一個定時器就能進行。

　　不過使用定時器計算的方法算是模擬，怎樣都無法說是精準的。

　　因此推薦使用備有番茄工作法的 APP。

　　這個專門的服務可以配合工作管理自動留下「今天做了 8 個番茄」的紀錄，非常方便。

Brain FoCUS Productivity Timer
（Android 用 APP）

　　Android 用的 APP 有 Brain Focus Productivity Timer，而 iPhone 用的 APP 則有 Focus To-Do：番茄工作管理術＆工作管理。

　　請務必試用看看。

Focus To-Do：
番茄工作法＆工作管理（iPhone 用 APP）

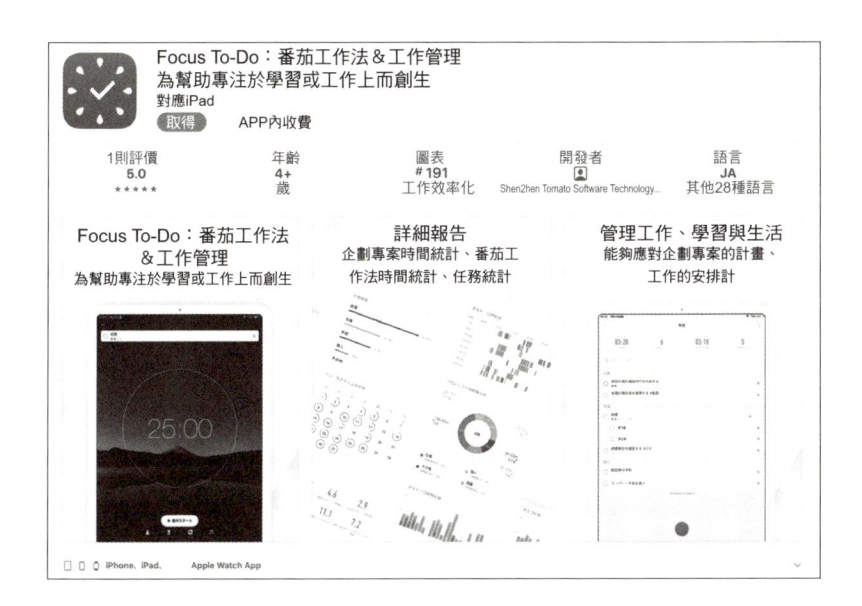

Focus To-Do：番茄工作法＆工作管理
為幫助專注於學習或工作上而創生
對應iPad
取得　APP內收費

1則評價	年齡	圖表	開發者	語言
5.0 ★★★★★	4+ 歲	#191 工作效率化	Shen2hen Tomato Software Technology...	JA 其他28種語言

Focus To-Do：番茄工作法
＆工作管理
為幫助專注於學習或工作上而創生

詳細報告
企劃專案時間統計、番茄工
作法時間統計、任務統計

管理工作、學習與生活
能夠應對企劃專案的計畫、
工作的安排計

iPhone、iPad、Apple Watch App

| 小技巧8 | **365 式整理術**

　　365 式整理術是關於文件的整理術。

　　具體來說，這個方法就是將**應做管理的文件，全都分進一天一個的透明文件夾中並按照日期順序排好**。

　　透明文件夾是一天一個，也就是說，一年就要 365 個，而且也要有放透明文件夾的地方（圖 I）。

▍圖 I　365 個透明文件夾的排列模樣

在每一天的透明文件夾上，貼著每一枚都有標示日期數字的標籤。

或許有人會覺得很麻煩，只要像這樣排列好，就不須要花時間跟精力去排序文件，而且一定會先確保了文件的儲存處，所以很簡單。

此外，提到須要 365 個透明文件夾時，一般會覺得似乎要花不少錢，但便宜一點的只要 8 塊錢就能買到。

以下所舉例子就是 365 式整理術的優點。

圖 J　有日期的透明文件夾

【365式整理術的優點】
- 購買物品的文件
  →歸檔保證書以及手冊指南與購買日一致
- 合約書
  →歸檔合約書與交換合約日一致
- 只要取出一個檔案夾,就能準備好當日必需的文件
- 以1年為週期可以檢查遍所有文件
- 能立刻確認孩子的活動等必要文件
- 找尋遺失文件時只要察看365個檔案夾就好
  確認一個檔案夾時,所花時間最長也只要3秒,20分鐘以內就能搜索完所有文件。

　　我在一天的開始會只取出當日的一個透明檔案夾,然後在該日結束時歸位。

　　放回透明檔案夾時,要像圖K那樣,照下透明檔案夾的正面然後送至Evernote。

　　只要這樣做,需要某些文件時,可以不用類似的方法一一去尋找檔案夾,而是利用Evernote搜索字串,就能在影像內進行搜索。

　　而且只要為與文件相關的關鍵字加上標題,關鍵字也會成為搜索對象,就能省去搜索的時間與精力,所以很推薦這方法給大家。

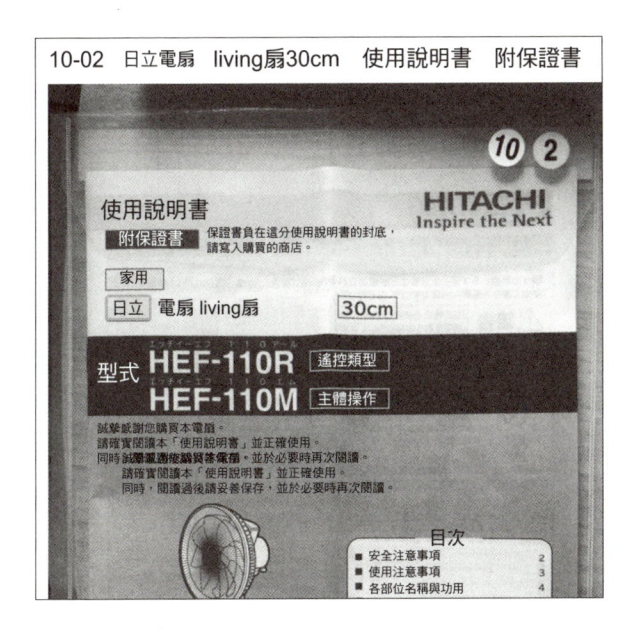

圖 K　記錄在 Evernote 的透明檔案夾

10-02　日立電扇　living扇30cm　使用說明書　附保證書

211

| 小技巧9 | **43 文件夾**

　　43 文件夾這個方法是利用將 12 個月的文件夾與 31 天分的文件夾合起來共 43 個的各別文件夾來整理資訊。

　　要製作 43 文件夾最少需要 43 個各別的文件夾。
　　基本是將劃分為 12 個月的 12 個文件夾以及按日期劃分的 31 個文件夾排成如圖 L 那樣。
　　使用方法是將想在特定日期利用的筆記以及文件資料各自收納在附有日期的文件夾中。
　　寫有日期的文件夾有 31 個，在 1 個月內是以日期為單位，若是超過 1 個月的，則可以直接放入以「1 月」「2 月」等這類以月為單位的文件夾中。

　　無法將資料或數據收納在各別文件夾時，就將資料或數據封存在其他的文件夾中，43 文件夾的相應各別文件夾中只放入「應於○月 X 日打開使用的文件夾」以及標示有其他文件夾的筆記。

圖L　43 文件夾的使用法

6月12日夜晚以及6月13日早晨的任務

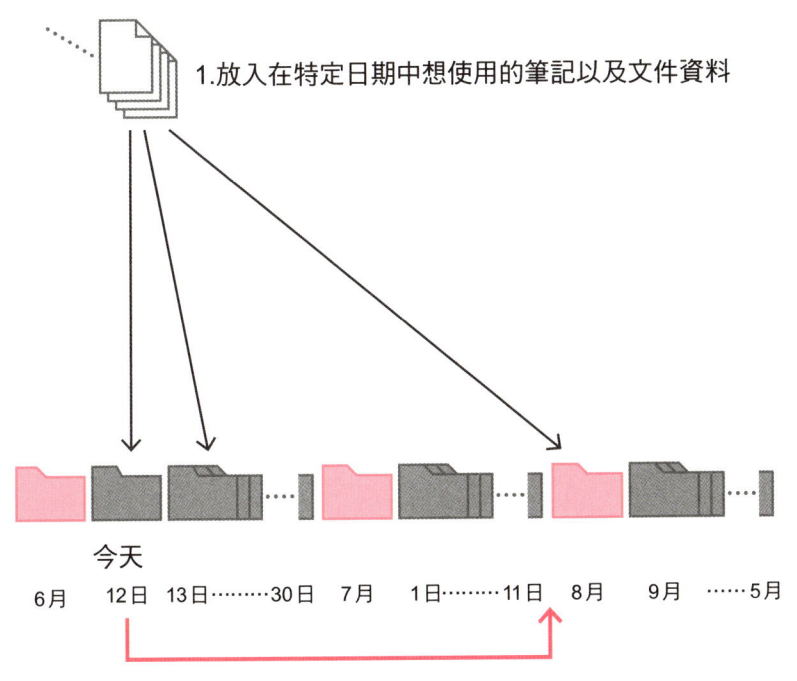

1.放入在特定日期中想使用的筆記以及文件資料

6月　12日　13日………30日　7月　1日………11日　8月　9日……5月
　　　今天

2.插入到下個月最後的日期之後

然後每天看著標有今天日期的文件夾,將所有筆記或事物移動到工作管理的工具,例如 Todoist 的收集箱中,之後再將各別的文件夾插入到下個月最後的日期之後。

　　這麼做之後,文件夾每一天都會朝著未來前進了。

　　以上就是能進行工作管理的小技巧。

　　將之與本篇所談過的工作管理術一併活用,將能更容易管理工作。

　　我由衷希望能幫助閱讀本書的各位解決工作管理的煩惱,以及多少能盡快完成工作。

為什麼工作總是做不完？圖解高效工作、筆記管理術/佐佐木正悟作；楊鈺儀譯. -- 初版. -- 新北市：世潮出版有限公司, 2025.05
面；　公分. --（暢銷精選；95）
ISBN 978-986-259-115-4（平裝）
1.CST: 職場成功法 2.CST: 工作效率
494.35　　　　　　　　　114002275

暢銷精選95

為什麼工作總是做不完？圖解高效工作、筆記管理術

作　　者／佐佐木正悟
譯　　者／楊鈺儀
編　　輯／陳怡君
封面設計／林芷伊
出　版　者／世潮出版有限公司
地　　址／(231)新北市新店區民生路19號5樓
電　　話／(02)2218-3277
傳　　真／(02)2218-3239（訂書專線）
劃撥帳號／17528093
戶　　名／世潮出版有限公司
　　　　　單次郵購總金額未滿500元（含），請加80元掛號費
世茂網站／www.coolbooks.com.tw
排版製版／辰皓國際出版製作有限公司
印　　刷／辰皓國際出版製作有限公司
初版一刷／2025年5月

Ｉ Ｓ Ｂ Ｎ／978-986-259-115-4
Ｅ Ｉ ＳＢＮ／9789862591130（PDF）9789862591147（EPUB）
定　　價／380元

NAZEKA SHIGOTOGA HAYAKUOWARANAI HITONOTAMENO ZUKAI CHO TASK KANRIJUTSU
by Shogo Sasaki
Copyright © Shogo Sasaki 2022
All rights reserved.
Original Japanese edition published by ASA Publishing Co., Ltd.
Traditional Chinese translation copyright © 2025 by ShyMau Publishing Co., an imprint of Shy Mau Publishing Group
This Traditional Chinese edition published by arrangement with ASA Publishing Co., Ltd., Tokyo, through Bardon Chinese Media Agency